面向新工科普通高等教育系列教材

电工电子基础实训

主　编　许凤慧

副主编　贾永兴

参　编　龚　晶　卢　娟

机 械 工 业 出 版 社

本书是电工电子实训课教材，共 6 章，主要内容包括安全用电知识、电工电子基础实训所用的元器件和仪器仪表等基础知识、室内布线与电气照明、电子电路设计与制作相关的方法和电工电子基础实训项目。

本书的内容编排注重结合电工电子电路的工程应用实际和技术发展方向，在帮助学生学习基础理论的同时，努力培养学生的工程素养和创新能力。内容设计上注意引导学生关注电工电子电路的设计原理、规则、方法和实际应用，培养学生的工程意识；叙述上由浅入深、循序渐进、前后呼应，在配合理论教学的同时，注意引导学生运用所学知识解决工程实际问题；在实验的设计上注意进一步引导学生分析和思考工程实际问题，激发学生的创新思维。

本书可作为高等学校非电类专业电工电子系列课程的实验教材和理论教学参考书，也可供从事电工电子技术工作的工程技术人员、非电类相关课程的教师及学生参考。

为配合教学，本书配有教学用 PPT、电子教案、习题参考答案等教学资源。需要的教师可登录机械工业出版社教育服务网（www.cmpedu.com），免费注册，审核通过后下载，或联系编辑索取（微信：13146070618，电话：010-88379753）。

图书在版编目（CIP）数据

电工电子基础实训/许凤慧主编. —北京：机械工业出版社，2022.11
（2024.7 重印）
面向新工科普通高等教育系列教材
ISBN 978-7-111-72026-3

Ⅰ．①电…　Ⅱ．①许…　Ⅲ．①电工技术-高等学校-教材　②电子技术-高等学校-教材　Ⅳ．①TM　②TN

中国版本图书馆 CIP 数据核字（2022）第 210062 号

机械工业出版社（北京市百万庄大街 22 号　邮政编码 100037）
策划编辑：李馨馨　　　　　　责任编辑：李馨馨
责任校对：樊钟英　贾立萍　　责任印制：郜　敏
中煤（北京）印务有限公司印刷
2024 年 7 月第 1 版·第 2 次印刷
184mm×260mm·11.5 印张·282 千字
标准书号：ISBN 978-7-111-72026-3
定价：59.00 元

电话服务　　　　　　　　　　网络服务
客服电话：010-88361066　　　机　工　官　网：www.cmpbook.com
　　　　　010-88379833　　　机　工　官　博：weibo.com/cmp1952
　　　　　010-68326294　　　金　书　网：www.golden-book.com
封底无防伪标均为盗版　　机工教育服务网：www.cmpedu.com

前　言

"电工电子基础实训"是高等院校工科专业的通识类实验课程，知识点多、覆盖面广，具有较强的理论性和工程实践性。本书是编者在总结多年实践教学改革经验的基础上，综合考虑了理论课程特点和技术发展趋势，为适应当前创新型人才培养目标要求而编写的。本书从本科学生实践技能和创新意识的早期培养着手，注重结合电子技术的工程应用实践和发展方向，在帮助学生消化和巩固理论知识的同时，注意引导学生运用所学知识解决工程实际问题，激发学生的创新思维，努力培养学生的工程素养和创新能力，促进学生"知识""能力"水平的提高和"综合素质"的培养。

本书内容共分为6章。第1章介绍了安全用电知识，对电的基本知识、触电的危害以及如何安全用电进行了说明；第2章介绍了常用电子元器件基础知识，包括常用电气元件、电子元器件以及集成电路等；第3章介绍了电工电子常用工具及仪表，包括常用电工工具、常用电子工具及电子仪表等；第4章介绍了室内布线与电气照明，对电工用图、室内布线的方式及相关技术、照明灯具的基本安装及配电设备进行相关说明；第5章介绍了电子电路设计与制作的基本知识，包括电子电路设计与制作的目的和一般流程、电子电路设计的基本方法、电子电路的识图方法，以及安装、焊接及调试的基本技术等；第6章设置了7个常用的电工电子实训项目，用于巩固前5章理论内容的学习。

作为电类通识类课程的选用教材，其内容设置是否合理将在一定程度上对实验课的教学质量和教学效果起到决定作用。本书的特点是由浅入深、通俗易懂；各章节的内容既循序渐进又相对独立，方便教师根据学生情况和教学需要选择不同教学内容。

本书由许凤慧、贾永兴、龚晶、卢娟编写。孙梯全对本书的编写给予了大力支持，并提出了很多宝贵的意见，在此致以衷心的感谢。另外，也感谢机械工业出版社的编辑李馨馨老师在本书出版过程中提供的大力支持。

限于编者水平和时间，书中错误和不妥之处在所难免，还请读者批评指正。

编　者

目　　录

第1章　安全用电知识

随着电气化的发展，电成了当今社会生产和生活不可缺少的重要能源。安全用电是每一个公民应具备的基本常识，是电类和非电类大学生应具备的基本素养，也是动手实践的基本前提。

在用电过程中，如果不了解基本使用规范，不注意安全，就可能造成设备损毁和人身伤亡。人体从某种意义上讲是导电体，当人体接触带电部分并形成电流回路时，就会有电流通过人体，对人的肌肉造成不同程度的伤害。伤害的程度与触电的种类、方式及条件有关。因此，所有人都应该了解日常的直流电和交流电，注意用电安全，掌握用电常识。

1.1　电的基本知识

日常生活中用的电分为直流电和交流电，分别由直流电源和交流电源产生，它们有不同的应用场合。本节主要介绍直流电和交流电的相关概念、特点，工频市电的相关知识。

1.1.1　电的基本概念

电是一种由电荷运动所产生的现象，自然界的闪电就是电的一种现象。电是像电子和质子这样的亚原子粒子之间产生的排斥力和吸引力的一种属性。电子运动现象有两种：把缺少电子的原子称为带正电荷，有多余电子的原子称为带负电荷。关于电，有很多的术语来区分各种各样不同的概念。

电荷：某些亚原子粒子的内涵性质。这一性质决定了它们彼此之间的电磁作用。带电荷的物质会被外电磁场影响，同时也会产生电磁场。

电流：带电粒子的定向移动，通常以安培为度量单位。

电压：两个电位点之间的电位差。

电场：由电荷产生的一种影响。附近的其他电荷会因这一影响而感受到电场力。

电势：单位电荷在静电场的某一位置所拥有的电势能，通常以伏特为度量单位。

电磁作用：电磁场与静止或运动中的电荷之间的一种基本相互作用。

1.1.2　直流电和交流电

在直流电路中，电压和电流及方向都是恒定不变的。电力系统提供的却是大小和方向都随着时间按正弦规律变化的电压和电流，即交流电。

直流电，其电压或者电流不随时间的变化而变化，可以由直流稳压电源和直流恒流电源产生，也可以通过电池直接产生，另外还可以通过交流电经过变压、整流、滤波和稳压环节得到。图1-1-1、图1-1-2和图1-1-3为典型的直流稳压电源。直流供电多数用在功率较小的场合。

图 1-1-1　直流稳压电源

图 1-1-2　手机直流充电（手机端）

图 1-1-3　电池

交流电（Alternating Current，AC）是指大小和方向都发生周期性变化的电流。因为周期电流在一个周期内的运行平均值为零，称为交变电流，简称交流电。交流电可以有效传输电力，通常波形为正弦曲线。但实际上还有其他波形，例如三角形波、正方形波。生活中使用的市电就是具有正弦波形的交流电。交流电源比直流电源的成本、功耗、传输距离等指标都要好很多，一般所用的家庭用电为 220 V/50 Hz 工频交流电。工频电是我国规定的电力工业及各种家庭用电设备的用电标准。其中工频就是一般的市电（工业用电）频率，在我国是 50 Hz。工频电流是电流的种类之一，也是最危险的电流之一，对人体具有很大的伤害。常见的交流电配电箱如图 1-1-4 所示。

图 1-1-4　交流电配电箱

关于直流电和交流电，这两种供电方式没有优劣之分，一般都根据通用标准和习惯确定。目前我国供电系统提供给家用的是 220 V/50 Hz 的工频，所以对于常用的大功率家电，如电冰箱、洗衣机、空调、电烤箱等，厂家为了用户使用方便，通常采用的供电方式为工频供电。

通信电源系统是通信系统的心脏，稳定可靠的通信电源供电系统，是保证通信系统安全、可靠运行的关键，一旦通信电源系统故障引起对通信设备的供电中断，通信设备就无法运行，就会造成通信电路中断、通信系统瘫痪，从而造成极大的经济和社会效益损失。因此，通信电源系统在通信系统中占据十分重要的位置。为了能够匹配蓄电池作为备用电，有效减少因断电造成的通信中断，依据惯例大多数默认供电方式是−48 V（−24 V）直流电供电方式。

1.1.3 三相交流电

日常生活中，家用照明用电为市电，市电即工频交流电（AC）。交流电常用三个量表征，即电压、电流、频率。世界各国的常用交流电工频频率有 50 Hz 与 60 Hz 两种，各国的市电有不同的电压标准，如我国一般为 220 V，日本、美国为 110 V。通俗来说，市电就是区别于发电的电，也就是从电网里面提取的电力资源。

1. 三相交流电的产生

电厂所发的电都是三相交流电，三相交流电由三相交流发电机产生。它是三个相位差互为 120° 的对称正弦交流电的组合。三相交流电是由三相发电机三组对称的绕组产生的，每一绕组连同其外部回路成一相，分别记为 A、B、C，它们的组合称三相制，常以三相三线制和三相四线制方式，即三角形接法和星形接法供电。

每根相线与中性线（零线）间的电压称为相电压，其有效值用 U_A、U_B、U_C 表示，它们的瞬时值表达式为

$$\begin{cases} U_A = U_m \sin(\omega t) \\ U_B = U_m \sin(\omega t - 120°) \\ U_C = U_m \sin(\omega t + 120°) \end{cases} \qquad (1-1)$$

相线间的电压称为线电压，其有效值用 U_{AB}、U_{BC}、U_{CA} 表示。因为三相交流电源的 3 个线圈产生的交流电压相位相差 120°，3 个线圈作星形联结时（见图 1-1-5），线电压等于相电压的 $\sqrt{3}$ 倍。

我国日常电路中，相电压是 220 V，线电压是 380 V（$380 = 220 \times \sqrt{3}$）。工程上，讨论三相电源电压大小时，通常指的是电源的线电压，如三相四线制电源电压 380 V，指的是线电压 380 V。

在日常生活中，接触的负载，如电灯、电视机、电冰箱、电风扇等家用电器及单相电动机，都属于单相负载，它们工作时都是用两根导线接到电路中。在

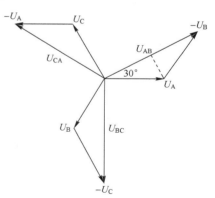

图 1-1-5　三相三线电星形连接图

三相四线制供电时，多个单相负载应尽量均衡地分别接到三相电路中去，而不应把它们集中在三相电路的一相电路里。如果三相电路中的每一根所接的负载的阻抗和性质都相同，就说三相电路中负载是对称的。在负载对称的条件下，因为各相电流间的相位彼此相差 120°，所以在每一时刻流过中性线的电流之和为零，这时把中性线去掉，用三相三线制供电是可以的。但实际上多个单相负载接到三相电路中构成的三相负载不可能完全对称。在这种情况下中性线显得特别重要，而不是可有可无。有了中性线每一相负载两端的电压总等于电源的相

电压，不会因负载的不对称和负载的变化而变化，就如同电源的每一相单独对每一相的负载供电一样，各负载都能正常工作。若是在负载不对称的情况下又没有中性线，就形成不对称负载的三相三线制供电。由于负载阻抗的不对称，相电流也不对称，负载相电压也自然不能对称。有的相电压可能超过负载的额定电压，负载可能被损坏（灯泡过亮烧毁）；有的相电压可能低些，负载不能正常工作（灯泡暗淡无光）。随着开灯、关灯等原因引起各相负载阻抗的变化。相电流和相电压都随之而变化，灯光忽暗忽亮，其他用电器也不能正常工作，甚至被损坏。可见，在三相四线制供电的线路中，中性线起到保证负载相电压对称不变的作用。对于不对称的三相负载，中性线不能去掉，也不能在中性线上安装熔体或开关，而且要用机械强度较好的钢线作中性线。

相交流电依次达到正最大值（或相应零值）的顺序称为相序（Phase Sequence）。顺时针按 A-B-C 的次序循环的相序称为顺序或正序，按 A-C-B 的次序循环的相序称为逆序或负序。相序是由发电机转子的旋转方向决定的，通常都采用顺序。三相发电机在并网发电时或用三相电驱动三相交流电动机时，必须考虑相序的问题，否则会引起重大事故，为了防止接线错误，低压配电线路中规定用颜色区分各相，黄色表示 A 相，绿色表示 B 相，红色表示 C 相。工程上通用的相序是正序。

三相制的主要优点是：在电力输送上节省导线；能产生旋转磁场，且为结构简单使用方便的异步电动机的发展和应用创造了条件；三相制不排除对单相负载的供电。因此三相交流电获得了最广泛的应用。

2. 联结方式

三相电在电源端和负载端均有星形和三角形两种联结方式。两种方式都会有 3 条三相的输电线及 3 个电源（或负载），但电源（或负载）的联结方式不同。

日常用电系统中的三相四线制中电压为 380 V/220 V，即线电压为 380 V；相电压则随接线方式而异：若采用星形联结，相电压为 220 V；若采用三角形联结，相电压则为 380 V。

（1）星形联结

三相电的星形联结是将各相电源或负载的一端都接在一点上，而它们的另一端作为引出线，分别为三相电的 3 条相线。对于星形联结，可以将中性点引出作为中性线，形成三相四线制；也可不引出，形成三相三线制。当然，无论是否有中性线，都可以添加地线，分别成为三相五线制或三相四线制。

星形联结的三相电，当三相负载平衡时，即使连接中性线，其上也没有电流流过；当三相负载不平衡时，应当连接中性线，否则各相负载将分压不等。

工业上用的三相交流电，有的直接来自三相交流发电机，但大多数还是来自三相变压器，对于负载来说，它们都是三相交流电源。在低电压供电时，多采用三相四线制。

在三相四线制供电时，三相交流电源的 3 个线圈采用星形（丫）联结（见图 1-1-6），即把 3 个线圈的末端 X、Y、Z 联结在一起，成为 3 个线圈的公用点，通常称它为中性点或零点，并用字母 O 表示。

供电时，引出 4 根线。从中性点 O 引出的导线称为中性线，居民供电中称为零线；从 3 个线圈的首端引出的 3 根导线称为 A 线、B 线、C 线，统称为相线。在星形接线中，如果中性点与大地相连，中性线也称为地线，也叫重复接地。我们常见的三相四线制供电设备中引出的 4 根线，就是 3 根相线 1 根地线。

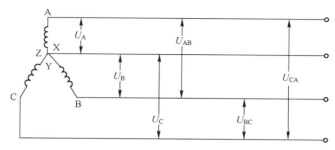

图 1-1-6 三相四线星形（丫）联结

我国低压供电标准为 50 Hz、380 V /220 V，而日本及西欧某些国家采用 60 Hz、110 V 的供电标准。所以在使用进口电器设备时要特别注意，电器工作时电压等级不符，会导致电器设备的损坏。

（2）三角形联结

三相电的三角形联结是将各相电源或负载依次首尾相连，并将每个相连的点引出，作为三相电的 3 条相线。三角形联结没有中性点，也无法引出中性线，因此只有三相三线制。添加地线后，成为三相四线制。

3. 电流电压关系

三相电的系统，有两种不同方式描述电压及电流，一种是输电线的方式，另一种则是电源或负载的方式。三相电的输电线为 3 条相线，线上流过的电流称为线电流，而两条相线之间的电压则为线电压。若考虑三相电源或负载，流过任何一相电源或负载的电流称为相电流，任一相电源或负载两端的电压则为相电压。

两种电压及电流的数学关系，依使用三角形或星形联结而有所不同。在三相的电源或负载平衡条件下，星形联结的三相电，线电压是相电压的 $\sqrt{3}$ 倍，且线电流等于相电流。三角形联结的三相电，线电压等于相电压，且线电流等于相电流的 $\sqrt{3}$ 倍。

1.1.4 电力配电系统

1. 电力系统

电力系统是由发电、输电、变电、配电和用电等环节组成的电能生产与消费系统。图 1-1-7 为电力系统的构成示意图。它的功能是将自然界的一次能源通过发电动力装置转化成电能，再经输电、变电和配电将电能供应到各用户。为实现这一功能，电力系统在各个环节和不同层次还具有相应的信息与控制系统，对电能的生产过程进行测量、调节、控制、保护、通信和调度，以保证用户获得安全、经济、优质的电能。

（1）电能的生产

电能的生产即发电，它是由各种形式的发电厂来实现的。发电厂的种类很多，一般根据它所利用能源的不同分为火力发电厂、水力发电厂和原子能发电厂。此外，还有风力发电厂、潮汐发电厂、太阳能发电厂、地热发电厂和等离子发电厂等。目前，我国的电能生产以火力发电、水力发电和原子能发电为主，风力发电、太阳能发电也在大规模推广应用中。

火力发电通常以煤或油为燃料，由锅炉产生蒸汽，以高压高温蒸汽驱动汽轮机，再由汽轮机带动发电机发电。

5

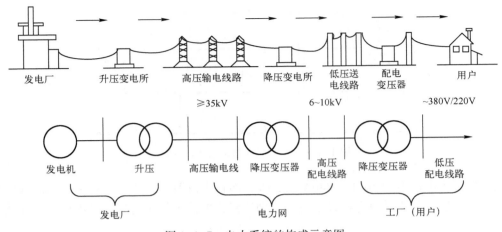

图 1-1-7　电力系统的构成示意图

水力发电利用自然水力资源作为动力，通过水岸或筑坝截流的方式提高水位。水流的位能驱动水轮机，由水轮机带动发电机发电。

原子能发电由核燃料在反应堆中的裂变反应所产生的热能，产生高压、高温蒸汽，由汽轮机带动发电机发电。原子能发电又称核发电。

风力发电利用风力带动风车叶片旋转，通过增速机将旋转的速度提升，来促使发电机发电。

世界上由发电厂提供的电力，大多数是交流电。我国交流电频率为 50 Hz，称为工频。

（2）电能的输送

电能的输送又称输电。输电网是由若干输电线路组成的，将许多电源点与许多供电点连接起来的网络系统。输电的距离越长，输送容量越大，则要求输电电压越高。输电过程中，先将发电机组发出的 6~10 kV 电压经升压变压器变为 35~500 kV 高压，通过输电线将电能传送到各变电所，再利用降压变压器将 35 kV 高压变为 6~10 kV。

我国标准输电电压有 35 kV、110 kV、220 kV、330 kV 和 500 kV 等。一般情况下，输电距离在 50 km 以下，采用 35 kV 电压；输电距离在 100 km 左右，采用 110 kV 电压；输电距离在 2000 km 以上，采用 220 kV 或更高的电压。高压输电按照输电特点，通常又可分为特高压输电（1000 kV、800 kV）、超高压输电（330 kV、500 kV、750 kV、DC 500 kV）和高压输电（220 kV）。我国目前多采用高压、超高压远距离输电，高压输电可以有效减小输电电流，从而减少电能损耗，保证输电质量。

（3）电能的分配

高压输电到用电点（如住宅、工厂）后，必须经区域变电所将交流电的高电压降为低电压，再供给各用电点。电能提供给民用住宅的照明电压为交流 220 V，提供给工厂车间的电压为交流 380 V /220 V。

在工厂配电中，对车间动力用电和照明用电均采用分别配电的方式，即把动力配电线路与照明配电线路一一分开，这样可避免因局部故障而影响整个车间生产的情况发生。

2. 配电系统

配电系统是由多种配电设备和配电设施组成的变换电压和向终端用户分配电能的电力网

络系统，分为高压配电系统、中压配电系统和低压配电系统。根据《城市电网规划设计导则》的规定，我国配电系统的电压等级，220 kV 及其以上电压为输变电系统，35 kV、63 kV、110 kV 为高压配电，6 kV、10 kV 为中压配电，220 V、380 V 为低压配电。

高压配电网是由高压配电线路和配电变电站组成的向用户提供电能的配电网。高压配电网从上一级电源接收电能后，可以直接向高压用户供电，也可以向下一级中压（低压）配电网提供电源。

中压配电网是由中压配电线路和配电室（配电变压器）组成的向用户提供电能的配电网。中压配电网从高压配电网接收电能，向中压用户或向各用电小区负荷中心的配电室（配电变压器）供电，在经过变压后向下一级低压配电网提供电源。

低压配电网是由低压配电线路及其附属电气设备组成的向低压用户提供电能的配电网。低压配电网从中压（或高压）配电网接收电能，直接配送给各低压用户。低压配电网是电力系统的末端，分布广泛，几乎遍及建筑的每一个角落，平常多用于普通民用设施的供电，一般只需设立一个简单的降压变压器，电源进线为 10 kV，电压为 380 V/220 V。

照明、电热以及中、小功率电动机等用电设备的供电一般都采用 380 V/220 V 三相四线制。380 V/220 V 三相四线制的供电系统如图 1-1-8 所示。

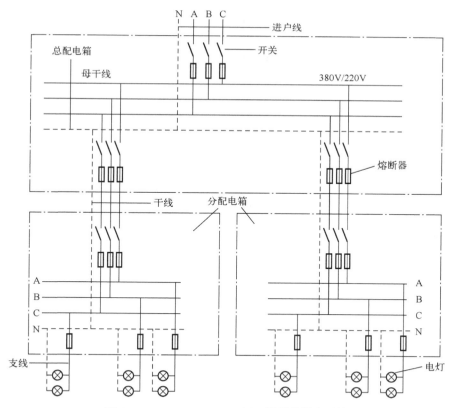

图 1-1-8　380 V/220 V 三相四线制的供电系统

低压配电系统由低压配电装置（低压配电箱）及低压配电线路（干线及支线）组成。如图 1-1-8 所示，一组低压用电设备（如电灯）接入一条支线，若干条支线接入一条干线，若干条干线接入一条总进户线。汇集支线接入干线的配电装置称为分配电箱，汇集干线接入总进户线的配电装置称为总配电箱。

3. 低压配电装置和量电装置

配电装置就是用来接收和分配电能的电气装置。低压配电装置一般由低压配电电器（刀开关、熔断器、自动断路器）组成。

电度表用来测量和记录电能，它与进户总熔丝、电流互感器等部分组成量电装置。

通常将总熔丝盒装在进户管的户内侧的墙上，如图 1-1-9 所示。将电流互感器、电度表、低压配电电器都安装在一块配电中板上。

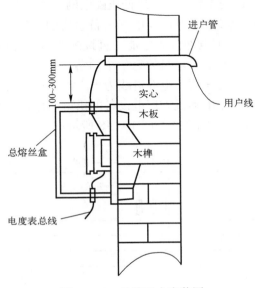

图 1-1-9　总熔丝盒安装图

（1）总熔丝盒

总熔丝盒内装有熔断器和接线桥，分别与进户线的相线和中性线相连，是低压用户的最前级保护装置。总熔丝盒安装图如图 1-1-10 所示。

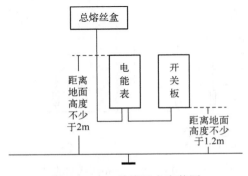

图 1-1-10　总熔丝盒安装图

当低压用户的电气设备或线路发生故障时，可迅速切断电路，防止故障漫延到前级配电干线上而引起更大区域的停电。检修进户、量配装置时，可拔去总熔丝盒中的熔体（俗称

8

熔丝或保险丝），切断电源，防止检修时触电事故的发生。总熔丝盒内熔体额定值由电业部门根据用户用电量配置，可加强用电的管理。

每只电度表应有单独的熔断器保护，熔断器应装在熔丝盒内。单相电度表在一根相线上装一只熔断器，三相四线电度表在三根相线上装 3 只熔断器，但在中性线上不得装熔断器，可用瓷接头或铜接线桥将中性线直连。

总熔丝盒后面如安装多只电度表，则在每只电度表前分别安装分总熔丝盒。

（2）瓷底开启式开关熔断器组

瓷底开启式开关熔断器组如图 1-1-11 所示，它的正确接法是闸刀一侧接电源，另一侧接负载（如灯泡、电冰箱等）。

图 1-1-11　瓷底开启式开关熔断器组

这种瓷底开启式开关熔断器组是带熔断装置开关中最简单的一种。其价格便宜，但防护性差，一般仅用于低压小容量的照明等负载控制。开关的熔断装置主要起短路保护作用，在一定范围内也起过载保护作用。

使用时应注意保持胶盖完好无损。进行合闸或拉闸操作时，必须盖好胶盖。人站在稍微偏离一些的位置上，以免发生故障时，飞溅出来的电弧伤人。无论合、分闸，动作都要迅速果断。合闸要合到头，拉闸要拉到底，以免电流将刀片烧毁。

瓷底开启式开关熔断器组有双极式结构和三极式结构两种。

在低压配电装置中，凡照明与电热容量在 2 kW 及以下时，总开关可采用瓷底双极开启式开关熔断器组，可不另加装熔断器。照明与电热容量为 2~5 kW，电力总容量在 15 kW 以下时，总开关也可用瓷底开启式开关熔断器组，但应将开关内的熔体部分短接（直接接通），另外加装熔断器。当电力容量在 15 kW 以上时，总开关应采用自动断路器。

（3）低压熔断器

低压熔断器是最简单和最早使用的一种保护电器，用来保护电路中的电气设备，使其在短路或过载时免受损坏（见图 1-1-12）。低压熔断器的优点是结构简单、体积小、重量轻、使用和维护方便。在低压配电装置中，对功率要求较小和对保护性能

图 1-1-12　低压熔断器

要求不高时，可与刀开关配合代替低压自动断路器。

熔断器主要由金属熔体（又称熔丝或保险丝）、支持熔体的触头和外壳构成。某些熔断器内还装有特种灭弧物质，如石英砂等，用来熄灭熔体熔断时形成的电弧。

熔断器被串联在电路中，当电路发生短路或过载，电流超过一定数值（一般为额定全电流的 1.3~2.1 倍，称为熔断电流）时，因短路电流或过载电流的加热，使熔体在被保护设备（如导线、电缆或电动机的线圈等）的温度未达到破坏其绝缘之前熔断，电路断开，使设备得到保护。

熔断器内所用熔体的额定电流不可超过瓷件上标明的熔断器的额定电流。在正常工作时，熔体仅通过不大于额定值的负载电流，其正常发热温度不会使它熔断。熔断器的其他部分，如触头、外壳等也会发热，但不会超过它们的长期容许发热温度。

（4）低压自动断路器

低压自动断路器又称为自动空气断路器（见图 1-1-13）。这种开关具有良好的灭弧性能，它能在正常工作条件下切断负载电流，又能在电路发生过载、短路或者欠电压时自动切断电路，因而它被广泛应用于低压配电装置中。

图 1-1-13　低压自动断路器

（5）电度表

电度表有单相电度表（见图 1-1-14）和三相电度表（见图 1-1-15）两种。

图 1-1-14　单相电度表　　　　　　　图 1-1-15　三相电度表

单相电度表多用于民用照明，单相电度表常用规格有 2.5（5）A 和 5（10）A，一般应用于有功电度量计量。其优点在于计量准确、模块化小体积（18 mm），可以轻松安装在各类终端配电箱内；能采用导轨式安装、底部接线，与微型断路器完美配合；直观易读的机械式显示，能降低意外停电丢失数据的风险；无须外部工作电源，工作温度范围宽。

三相电度表是用于测量三相交流电路中电源输出（或负载消耗）电能的电度表，其工作原理与单相电度表完全相同，只是在结构上采用多组驱动部件和固定在转轴上的多个铝盘的方式，以实现对三相电能的测量。三相电度表适用于计量额定频率为 50 Hz 或 60 Hz 的三相四线交流有功电能。一般固定安装在室内使用，适用于环境空气中不含有腐蚀性气体，要避免尘沙、霉菌、盐雾、凝露、昆虫等影响。

若线路上负载电流未超过电度表的量程，可直接接在线路上，其接线如图 1-1-16 所示。

若负载电流超过电度表量程，须用电流互感器将电流变小，其接线如图 1-1-17 所示。

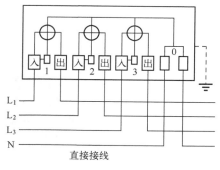

图 1-1-16　直接接线

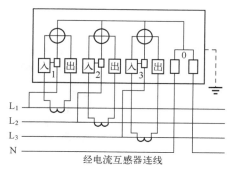

图 1-1-17　经电流互感器连线

三相四线电度表接线实物如图 1-1-18 所示。接线槽盖内面有接线端子连接图，应参照接线。每个接线柱有不止一个紧固螺钉，接线时应将导线头充分固定在紧固螺钉下面。

图 1-1-18　三相四线电度表接线实物

1.1.5　接地

电压是一个相对的量。例如，说电路中某一点的电压为 10 V 是没有意义的，除非与电路中另一点的电压值做比较。通常定义电路中的一点为 0 V 参考点，把这一点作为测量电路中其他各点电压的基准，这一点通常叫作接地，常用图 1-1-19 所示的符号表示。0 V 参考点，即电压的负极被称为返回端。如果在电池两端接一灯泡或电阻负载，负载电流将流回到电源的负极端。

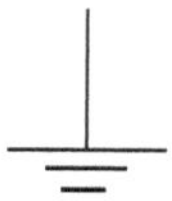

图 1-1-19　接地符号

通常采用图 1-1-19 所示的接地符号表示 0 V 参考点或电流返回端。但是，需要指出的是，这里的 0 V 参考点实际上是假设与大地的连接，物理上与大地的连接是通过把导体埋入大地中来实现的。无论怎样，接地符号具有双重含义，对于初学者来说这是经常容易混淆的地方。

1. 大地

（1）大地的基本概念

与大地连接的正确定义是指把一端连接的导体棒埋入大地至少 8 ft（1 ft≈30.48 cm）。这个接地棒通过导线直接与开关盒中的接地棒以及室内的各种交流输出端相连接，连接导线为相线和中性线，由绝缘导线或裸铜导线放置在同一电缆中制成。插座输出端的地端应该接地，埋入大地的金属管道通常被看成是大地，如图 1-1-20 所示。

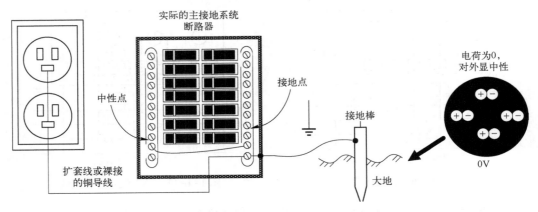

图 1-1-20　接地

和大地的一个物理连接是很重要的，因为大地是一个中性物体，其上分布着等量的正电荷和负电荷。由于大地永远呈现中性，若试图通过发电机、电池、静电发生器等方式改变大地的电势都将是无效的。任何引入大地的电荷都会迅速被大地吸收（通常认为大地湿润的泥土具有良好的导电性），像这样的电荷作用发生在整个地球，交互作用最终达到平衡使净电荷量为零。

大地的实际功能是作为零电位参考（相对于其他物体来说），由于其电位不会出现波动，这就可以方便和有效地把大地作为其他信号的参考。通过把各种电气设备和大地连接，使大地成为公共的参考电位，所有的电气设备共享同一个参考点。

将一个电气设备的某一处与大地做物理连接，通常是安装设备时通过电源线的接地线与接地网连接。典型的连接方法是把从电源出来的地线接到设备内部，更重要的是要把设备的内部与电流的返回端连接，这个返回端位于电路内部伸出支路的汇集部位，然后留出接地引线端。图 1-1-21 给出了连接实例图中设备为用 BNC 和 μHF 连接器做输入和输出的示波器、函数发生器和普通视听设备。BNC 和 μHF 插座的输出部分连接到支路汇集部位的电流返回端（或电源），同时，把与插座输出部分绝缘的中性导线连接到电源（或电流返回端）。现在重要的是把电流的返回端或输出端通过电源电缆与主接地线连接。这里设电流返回端为大地，把大地作为电位参考点。在直流电源供电的情况下，每一个接地端与插座引线端串联。为了使直流电源接地，必须使用跨接线把电源的负极和接地端连接，如果没有跨接线，电源就处在悬浮状态。

所有电气设备的接地部位都是共地的，可以通过测量实验室里任意两个分离的实验设备接地端之间的电阻来证明这一点。如果每一个设备都正确接地的话，那么测得的电阻为 2 Ω（包含导线的内阻）。

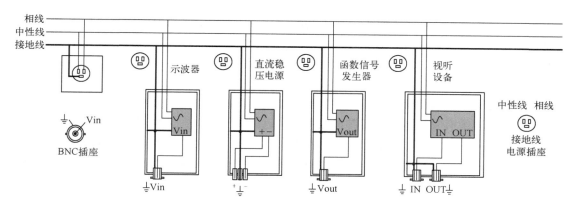

图 1-1-21　各种电气设备和视听设备通过接地线共地连接说明图

接地除了起参考点的作用外，如果设备内部的某一部分被损坏或出现局部发热，接地处会发生电击穿。如果发热部位通过接地的三相电系统与接地输出端连接，那么从发热部位流出的电流将流入地中，而不会流过人体（这是因为人体电阻较大）。一个防止触电事故的接地系统通常可以看成是直流接地。关于触电的危害和接地保护问题在后面交流电路中将进一步讨论。

当一个带静电的物体与敏感设备接触时，接地还可以消除静电放电（ESD）。如当人在地毯上来回走动时，人就可能成为带电体。一些集成电路容易受到静电放电（ESD）的攻击而损坏。通过设置接地点或把接地线和正在工作的集成电路的敏感部分拧结在一起，就可以确保人体所带的静电荷在触摸物体前已导入大地，从而避免损坏芯片。

接地系统的另一个重要作用是给各种频段的无线电设备产生的杂散射频（RF）电流提供流入地中的一条低电阻路径，这些设备包括电气设备、射频设备等。杂散射频会引发设备故障和射频干扰（RFI）问题。这个低电阻路径通常被叫作射频接地。大多数情况下，直流接地和射频接地由同一个接地系统提供。

（2）一般接地错误

大多数情况下，前面提到的接地符号被用于表示电路图中电流的返回端，不表示物理意义上的接地，这一点对于初学者来说容易被混淆，尤其当遇到有正极端、负极端和接地端的三端直流电源时。正如前面介绍的，电源的接地端和设备的接地端是连接在一起的，并依次用导线连接到主接地系统上。初学者通常犯的错误是试图利用电源的正极端和接地端给负载（如灯泡）提供功率。但是这样的连接对电源来说没有构成完整的电流回路，所以电流不能从电源流出，负载电流将为 0。正确的方法是要么把负载直接接到电源的正极和负极之间，构成一个悬浮负载。要么在地和电源负极端之间使用跨接线，构成一个接地负载。许多直流电路不需要接地，因为不接地对直流电路的性能也没有影响，例如，电池设备就不需要接地。

电路需要正电压和负电压，这就需要电源能够提供这两种电压。当电源提供正电压时，负极端是电流的返回端。当电源提供负电压时，正极端就是电流的返回端。如果将这两个端子连在一起，对负载电流就形成一个共同的返回端，在电源的正、负极连接点形成一个共同的或悬浮的电流返回端。如果电路需要的话，悬浮的公共返回端可以和电源的接地端连接。一般来说，公共返回端不接地对于电路性能也不会有影响。

在电子学中，对不同的电路经常有不同的含义。如接地符号有时被用作0V参考点，即使没有和地真正连接；有时又意味着电路中的一点和大地的实际连接；有时被用来表示一般的电流返回端，为了省去画电路图中的电流返回导线。把接地符号用作实际的接地返回端是不明智的。为了避免问题的复杂化，后面将讨论另一些可供选择的符号。

2. 不同类型的接地符号

为了避免误解有关接地、电压参考点和电流返回端的含义，会采用一些含义较为明确的符号。图1-1-22给出了大地接地符号（表示大地或电压参考点）、框架或底座接地符号以及数字和模拟参考接地符号。不利的是，对于数字和模拟接地来说，它们的共同电流返回端也有一点不明确。但是通常在电路图中会具体说明使用的符号。

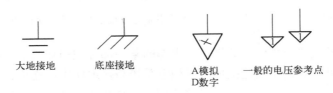

大地接地　　　　底座接地　　　　A模拟　　　　一般的电压参考点
　　　　　　　　　　　　　　　　D数字

图1-1-22　几种不同类型的接地符号

3. 接地故障

（1）触电的危险

在要求高电压的场合，以及把金属框架或底座作为电流的返回端时，如果忽略接地的话，就会存在急电的危险。当一个负载电路利用金属外壳作为底座接地时，存在电阻泄漏通道，这个电阻泄漏通道在金属外壳和大地之间产生一个高电压。如果不小心同时触摸到接地物体，如接地金属管和电路底座，就会导致严重的触电事故。为了避免这种情况的发生，底座要直接和大地连接。此时，金属接地管和金属外壳或底座具有相同的电位，就可以避免触电的危险。在家用电器中类似的危险情况也会发生，因此，用电规范要求将电器的外壳，如洗衣机和吹风机连接到大地。

（2）接地和噪声

在大规模的电子系统中，产生噪声的最普遍的原因是没有很好的接地。对于实际的设计和系统工程来说，接地是一个重要的项目。虽然接地问题不属于本书的范围，不做详细讨论，但是为了避免电路中出现接地故障，将介绍一些基本实例。

如果电路中某些点作为接地点，那么接地线的内阻在接地点之间将引起电位差，并形成接地回路，接地回路会引起电压读数的误差。

单个接地点的概念是为了确保不会在电路中产生接地回路。顾名思义，单点接地就是将所有电路的接地端都连接到一个点上。理论上看来，这是一个很好的方法，但在实际的操作中是很难实现的，因为即使最简单的电路也至少有10个以上的接地端，把它们都连接在一个点上几乎是不可能的，一个替代的方法是采用接地母线。

在面包板和原型板上可以看到接地母线，在制作的印制电路板（PCB）上也蚀刻接地母线，接地母线可以很好地替代单点接地。接地母线通常使用较粗的铜导线或低电阻的条棒，以便可以承受流回电源的所有负载电流。由于接地母线可以根据电路的尺寸而延长，因此在电路板中连接分布在空间的各种部件是很方便的。大多数原型板上有两到三条连接端子的线以便适应电路板的尺寸，其中一条线被固定作为电路的接地母线，电路中所有的接地端直接和这条母线连接，必须仔细确认接地端与母线的连接是否可靠。对于原型板来说，意味着接地端和母线要焊接牢固；对于绞线板来说，就是要将线绞紧；而对于面包板来说，确保安全的方法是给插座内选择规格合适的导线。如果接地连接不好，会出现时断时续的现象，就会产生噪声。

（3）模拟接地和数字接地

电路设备是由模拟和数字电路组成的，一般是先将模拟和数字电路分别接地，最后把接地点连接起来接到单接地点上。接地的作用是为了防止电路中接地回路电流产生的噪声。数字电路的最大缺点是当信号改变时会在电路中产生冲击电流，而在模拟电路中，当负载电流发生变化或电流改变方向时，电路中也会产生冲击电流，以上两种情况中，当施加的电流改变时，根据欧姆定律，接地回路上的阻抗电压将随之而变，从而使系统参考点（通常选在电源引出端）相对于接地面的电压也发生了变化。接地回路上的阻抗由电阻、电容和电感组成，但电阻和电感起主要作用。如果接地回路中是恒定电流，则电阻起主要作用，产生一个直流偏移电压。如果是交流电流，则电阻、电感和电容都起作用，产生一个高频交流电压。两种情况中的局部电路的电压变化就是噪声，这个噪声可能以螺旋上升的形式达到输入局部电路的敏感信号的水平，减少噪声的方法有许多，例如加入电容来补偿电感，但最好的方法是先将模拟接地和数字接地分开，最后连接在一个单接地点上。

1.1.6　用电小常识

1. 相线、中性线、地线

相线就是带电的导线。中性线也可以称为零线，中性线不带电；地线可以称为保护线，地线的主要作用是将雷电引入地下，减少雷击击毁电器。

相线和中性线不能直接接在一起，如果连在一起会造成电路短路，烧毁电器，以及造成人身伤害，所以相线和中性线之间必须要连接负载，相线和中性线之间可以形成 220 V 的电压，负载可以是灯泡、电热毯等需要 220 V 额定工作电压的电器。

灯和三相线之间的关系如图 1-1-23 所示。

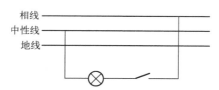

图 1-1-23　灯和三相线之间的关系

检修电路的时候，中性线和相线之间的电压是 220 V，地线和相线之间的电压也是 220 V，但是地线不能当中性线使用，因为两者的作用不同。中性线的主要作用是和相线构成回路，地线的作用是保护电器，防止被雷击毁，相线跟地线也不能直接连在一起，否则会造成电路短路，发生人体触电受伤的危害。

在检查一个回路的时候，由于中性线或相线在未知地点因为未知原因分断，而难以判断相线和中性线的时候，可以借助万用表一端连接地线、一端连接相线或者中性线来判断导线是否带电，从而分辨出相线和中性线。

相线通常使用黄、绿、红3个颜色线皮的导线；中性线通常使用蓝色线皮的导线；地线通常可以使用黄绿色线皮的导线，特殊情况也可以使用黑色线皮的导线。

2. 插头及插座

常见插头和插座分为两孔系列、三孔系列和四孔系列。常见的插座如图1-1-24所示。

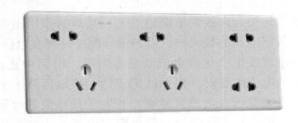

图1-1-24 常见插座的实物图

（1）两孔插头及插座

两孔系列多用于小功率电器。两孔插座安装的标准是左零右火，但两孔插头的电器设计时都应该允许相线、中性线互换。两孔插头接线说明如图1-1-25所示，接地线不用接，线头剪平即可。

图1-1-25 两孔插头和接线说明图

在使用过程中，两孔插头的两个孔是可以互换的，这是因为市电为交流电，是220 V的正弦信号，即使反插，接到电路里的效果也是一样的。

（2）三孔插头及插座

三孔插座多用于大功率电器，其中两个并列的为左零右火，而另一个插孔在插座中是接地线的，在插头上对应这个插脚接电器的外壳，如图1-1-26所示。

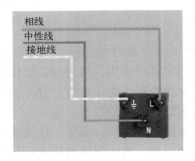

图1-1-26 三孔插头和接线图

（3）四孔插头及插座

四孔插座又称为三相插座（见图1-1-27）。三相插座的插座面板孔位是4孔（接三相相线和中性线），供电电压一般为380 V 交流电（多为工业中大部分交流用电设备）。三相电是电能的一种输送形式，全称三相交流电源，是一组幅值相等、频率相等、相位角相差120°的三相电。

图 1-1-27　四孔插头及插座图

三相插座一般用于动力设备，提供380 V 电压，当然也可根据需要选择两相使用，也就是通常说的240 V 电压，但一般情况下不建议非专业人员变更使用相线，以免造成短路而出现事故。

三相插座，包括底座及固定在其上的带有端子的金属触头和开有与每个触头相对应插孔的外壳，其特征在于设有两个互补插入座位，且外壳内侧各插孔之间设有隔离板。当三相插头插入一个插入座位，发现相序不符时，则插入另一个插入座位，其相序就可相符，无须打开插头或设备进行翻线。

1.2　触电及其危害

人体与带有较高电压的带电体接触，或有一定的电流通过人体，造成人体受伤或死亡的现象称为触电。人体触电的种类有两种，分别是电击和电伤。本节主要介绍触电的相关常识。

1.2.1　触电种类

触电是人体触及带电体后，电流对人体造成的伤害。人体触电有电击和电伤两种主要类型。

1. 电击

电击是指当电流通过人体时，对人体内部组织系统所造成的伤害。电击可使肌肉抽搐、内部组织损伤，造成发热、发麻、神经麻痹等，严重时将引起人昏迷、窒息，甚至心脏停止跳动等，直接危及人的生命。

2. 电伤

电伤是指在电流的热效应、化学效应、机械效应，以及电流本身作用所造成的人体外部伤害。常见的电伤现象有灼伤、烙伤和皮肤金属化等现象。

1.2.2 人体触电方式

1. 单相触电

人体的某一部分与一相带电体（或中性线）构成回路，电流通过人体流过该回路时，即造成人体触电，这种触电称为单相触电，如图1-2-1所示。

2. 两相触电

人体不同部位同时接触两相电源带电体，构成回路而引起的触电称为两相触电。无论电网中性点是否接地，人体所承受的电压均比单相触电时要高，危险性也更大。人体两相触电如图1-2-2所示。

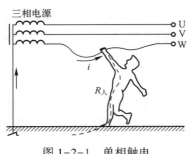

图1-2-1 单相触电

图1-2-2 两相触电

3. 跨步电压触电

所谓跨步电压，就是指电气设备发生接地故障时，在接地电流入地点周围电位分布区行走的人，其两脚之间的电压，如图1-2-3所示。一旦误入跨步电压区，应迈小步，双脚不要同时落地，最好一只脚跳走，朝接地点相反的地区走，逐步离开跨步电压区。

1.2.3 触电对人体的伤害的因素

触电对人体的危害，主要有5个影响因素：电流强度、电压高低、电流通过人体的途径、触电时间长短和人体状况。

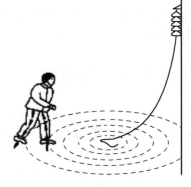

图1-2-3 跨步电压触电

1. 电流强度

电流是触电伤害的直接因素。通过人体的电流越大，人体的生理反应越明显，感觉越强烈，引起心室颤动所需的时间越短，致命的危险也越大。按照人体对电流的生理反应强弱和电流对人体的伤害程度，可将电流大致分为感觉电流、摆脱电流和致命电流三级。

（1）感觉电流

人能够感觉的最小电流称为感觉电流。如果实际电流小于等于感觉电流，一般不会对人体造成伤害。

（2）摆脱电流

人触电后能自行摆脱电源的最大电流称为摆脱电流。如果通过人体的电流小于摆脱电流，人体一般可以忍受，不会造成伤害。

（3）致命电流

在较短时间内危及生命的最小电流，称为致命电流。实验表明，当通过人体的电流达到50 mA以上时，就会引起心室颤动，可能导致死亡。当通过人体的电流大于100 mA时，足以致人死亡；而当小于30 mA时，一般不会造成生命危险。

2. 电压高低

人体接触的电压越高，通过人体的电流越大，就越危险。接触电压高，使皮肤破裂，降低了人体电阻，通过人体的电流随之加大；在接近高压时，还会在人体上产生有感应电流，因此，人体接近高电压也是很危险的。

3. 电源频率的影响

通常，40～60 Hz的工频交流电对人体的伤害程度最重。电源的频率偏离工频越远，对人体的伤害程度越轻。在直流和高频情况下，人体可承受的电流大，但高压高频电流对人体依然是十分危险的。

4. 电流通过人体的途径

电流通过人的头部，会使人昏迷而死亡；通过脊髓，会使人瘫痪；通过心脏，会造成心跳停止，使人血液循环中断而死亡；通过呼吸系统，会使人造成窒息；通过中枢神经或有关部位，会引起人的中枢神经系统强烈失调而导致残疾。实践表明，从左手到胸部是最危险的电流路径，从手到手、从手到脚也是很危险的电流路径，而从脚到脚是危险性较小的电流路径。

5. 触电时间长短

电流对人体的伤害程度与电流通过人体时间的长短有关。随着通电时间的加长，人体发热出汗和电流对人体组织的电解作用增强，人体电阻逐渐降低，能量积累增加，容易引起心室颤动。由于心室颤动极细微，心脏不再起压送血液作用，即血液循环中止，通过人体的电流大于100 mA时，足以致人死亡；而当小于30 mA时，一般不会造成生命危险。

6. 人体状况

1）妇女、儿童、老人及体弱者触电后果比身体健康的青壮年男子更为严重。

2）人体电阻的大小也是影响触电后果的一个重要因素。

3）精神状态不佳，常可导致触电事故的发生和增加触电伤害程度。

1.2.4 触电急救

触电急救的关键是动作迅速、救护得法，一定要坚持在现场抢救，切不可惊慌失措，束手无策，造成由于救治不及时、不得法失去生命。触电急救的第一步是使触电者迅速脱离电源，第二步是抓紧时间进行现场救护。

1. 立即切断电源

1）关闭电源总开关。当电源开关离触电地点较远时，可用绝缘工具（如绝缘手钳、干燥木柄的斧等）将电线切断，切断的电线应妥善放置，以防误触。

2）当带电的导线误落在触电者身上时，可用绝缘物体（如干燥的木棒、竹竿等）将导线移开，也可用干燥的衣服、毛巾、绳子等拧成带子套在触电者身上，将其拉出。

3）救护人员穿上胶底鞋或站在干燥的木板上，想方设法使伤员脱离电源。高压线须移开 10 m 方能接近伤员。

4）如果人在高处触电，应防止触电者在脱离电源时从高处落下摔伤。

2. 现场急救

1）触电者神志清醒，但有心慌、呼吸急迫、面色苍白时，应使触电者躺平，就地安静休息，不要让其走动，以减轻心脏负担，同时，严密观察呼吸和脉搏的变化。

2）触电者神志不清，有心跳，但呼吸停止或呼吸极微弱时，应及时用仰头举颏法使气道开放，并进行口对口人工呼吸。此时，如不及时进行人工呼吸，将会因缺氧过久而引起心跳停止。

3）触电者神志丧失，心跳停止，呼吸极微弱时，应立即进行心肺复苏。不能认为尚有极微弱的呼吸就只做胸外按压，因为这种微弱的呼吸起不到气体交换的作用。

4）触电者心跳、呼吸均停止时，应立即进行心肺复苏，在搬移或送往医院途中仍应按心肺复苏的规定进行有效急救。

5）触电者心跳、呼吸均停止，伴有其他伤害时，应先迅速进行心肺复苏，然后再处理外伤。伴有颈椎骨折的触电者，在开放气道时，应使头部后仰，以免引起高位截瘫，此时可应用托顿法。

6）当人遭受雷击，心跳、呼吸均停止时，应立即进行心肺复苏，否则将会发生缺氧性心跳停止而死亡。

7）已恢复心跳的伤员，千万不要随意搬动，应该等医生到达或等伤员完全清醒后再搬动，以防再次发生心室颤动，而导致心脏停搏。

1.3 安全用电

安全用电知识是关于如何预防用电事故及保障人身、设备安全的知识。在工作生活过程中，如果缺乏足够的警惕性，就可能发生人身、设备事故。为此，必须在熟悉触电对人体危害的基础上，了解安全电压、安全电流、安全用具及常用的安全用电措施。

1.3.1 安全电压

安全电压是指人体接触带电体时对人体各部分均不会造成伤害的电压值。安全电压的规定是从整体上考虑的，是否安全与人体的现时状态（主要是人体电阻）、触电时间长短、工作环境、人体与带电体的接触面和接触压力等有关系。我国规定 12 V、24 V、36 V 三个电压等级的安全电压级别，不同场所选用不同等级的安全电压。

1.3.2 安全电流

电击对人体的危害程度，主要取决于通过人体电流的大小和通电时间长短，一般默认安全电流为 10 mA。安全电流又称安全流量或允许持续电流，人体安全电流即通过人体电流的最低值。一般 1 mA 的电流通过时即有感觉，25 mA 以上人体就很难摆脱，50 mA 即有生命危险，可以导致心脏停止和呼吸麻痹。

1.3.3　安全用电措施

为了更好地使用电能，防止触电事故的发生，一定要了解和掌握必要的电气安全知识，建立和健全必要的电气安全工作制度，并切实采取一些安全用电措施：

1）各种电气设备，尤其是移动式电气设备，应建立经常的、定期的检查制度，如发现故障或与有关规定不符合，应及时处理。

2）使用各种电气设备时，应严格遵守操作制度。不得将三脚插头擅自改为二脚插头，也不得将线头直接插入插座内用电。

3）尽量不要带电工作，特别是危险场所（如工作场所有对地电压在250 V以上的导体等）。如果不得不带电工作，应采取必要的安全措施（如站在橡胶垫上或穿绝缘橡胶靴，附近的其他导电体或接地处都应用橡胶布遮盖，并需有专人监护等）。

4）各种安装运行的电气设备，必须严格按照电气设备接地的范围对设备的金属外壳采取接地或者接零措施，以确保人身安全。如果借用自来水管作接地体，则必须保证自来水管与地下管道有良好的电气连接，中间不能有塑料等不导电的接头。绝对不得利用煤气管道作为接地体或接地线使用。另外还须注意家用电器插头的相线、中性线应与插座中的相线、中性线一致。插座规定的接法为，面对插座看，上面的是接地线，左边的是接中性线，右边的是接相线。

5）在低压线路或用电设备上做检修和安装工作时，应随身携带低压试电笔；分清相线、地线，断开导线时，应先断相线，后断地线。搭接导线时的顺序与上述相反。人体不得同时接触两根线头。

6）开关熔断器、导线、插座、灯等，损坏就要及时修好，平时不要随便触摸。在移动电风扇、电烙铁等电气设备时，先要拔出插头，切断电源。开关必须装在相线上。

7）电气设备的熔断器要与该设备的额定工作电流相适应，不能配装过大电流的熔丝，更不能用其他金属丝随意代用。刀开关的熔丝要用保护罩加以保护。

思考题

1. 如何避免触电发生？
2. 相线、中性线、地线分别是什么？设置地线的主要目的是什么？
3. 直流供电方式和交流供电方式的优缺点分别是什么？
4. 人体触电种类有哪些？如何急救？
5. 什么是两孔插座，两个孔可以互换吗？

第 2 章　常用电子元器件基础知识

常用电气元件包括断路器、隔离开关、晶闸管等；常用电子元器件包括电阻、电容、电感，以及二极管、晶体管、场效应晶体管等半导体分立器件和常用集成电路，它们是构成电工电子电路的基本部件。了解常用电工、电子元器件的基础知识，学会识别和测量，是正确使用的基础，是组装、调试、维修电子电路必须具备的基本技能。

2.1　常用电气元件

2.1.1　断路器

断路器又名空气断路器，是一种只要电路中电流超过额定电流就会自动断开的开关。断路器是低压配电网络和电力拖动系统中非常重要的一种电器，它集控制和多种保护功能于一身，除能完成接触和分断电路外，还能对电路或电气设备引发的短路、严重过载及欠电压等进行保护，同时也可以用于不频繁地起动电动机。一般家用断路器即指小型断路器（见图 2-1-1），主要型号有 C45N 系列（中法合资型号），DZ47 系列（国产型号），主要有10 A、16 A、32 A、40 A、63 A 等几个规格，分单极、两极、三极。

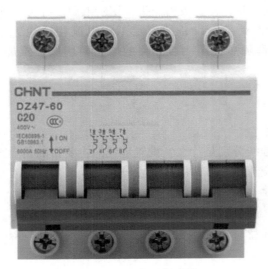

图 2-1-1　家用断路器

2.1.2　继电器

继电器（Relay）是一种电子控制器件，具有控制系统（又称输入回路）和被控制系统

（又称输出回路），通常应用于自动控制电路中，是用较小的电流去控制较大电流的一种"自动开关"，故在电路中起着自动调节、安全保护、转换电路等作用。继电器线圈在电路中用一个长方框符号表示，如果继电器有两个线圈，就画两个并列的长方框。同时在长方框内或长方框旁标上继电器的文字符号"K"（见图 2-1-2b）。继电器的触点的表示方法一般是把它们直接画在长方框一侧，这种表示法较为直观。

图 2-1-2　继电器
a）继电器实物图　b）继电器符号

2.1.3　熔断器

熔断器（Fuse）是指当电流超过规定值时，以本身产生的热量使熔体熔断，断开电路的一种电器，如图 2-1-3 所示。熔断器广泛应用于高低压配电系统和控制系统以及用电设备中，作为短路和过电流的保护器，是应用最普遍的保护器件之一。熔断器的实物图如图 2-1-3 所示。国产低压熔断器有 RT14、RT18、RT19、RT0、RT16、RL1、RL6 等。高压熔断器最常用的有变压器保护用的 XRNT1 和电动机保护用的 XRNM1 等。

图 2-1-3　熔断器实物图

2.1.4　隔离开关

隔离开关（俗称"刀闸"），一般指的是高压隔离开关，即额定电压在 1kV 及其以上的隔离开关，如图 2-1-4 所示。它是高压开关电器中使用最多的一种电器，本身的工作原理及结构比较简单，但是由于使用量大，工作可靠性要求高，对变电所、电厂的设计、建立和安全运行的影响均较大。隔离开关的主要缺点是无灭弧能力，只能在没有负荷电流的情况下分、合电路。隔离开关用于各级电压，用作改变电路连接或使线路或设备与电源隔离。它没有断流能力，只能先用其他设备将线路断开后再操作。一般带有防止开关带负荷时误操作的联锁装置，有时需要销子来防止在大的故障的磁力作用下断开开关。

图 2-1-4　隔离开关实物图

2.1.5　光电耦合器

　　光电耦合器是以光为媒介传输电信号的一种电-光-电转换器件。常见的光电耦合器如图 2-1-5 所示。它由发光源和受光器两部分组成。把发光源和受光器组装在同一密闭的壳体内，彼此间用透明绝缘体隔离。发光源的引脚为输入端，受光器的引脚为输出端，常见的发光源为发光二极管，受光器为光电二极管、光电晶体管等。

图 2-1-5　常见的光电耦合器

2.1.6　晶闸管

　　晶闸管（Thyristor）是晶体闸流管的简称，又可称作可控硅整流器，以前被简称为可控硅，如图 2-1-6 所示。1957 年美国通用电气公司开发出世界上第一款晶闸管产品，并于1958 年将其商业化。晶闸管是 PNPN 四层半导体结构，有三个极：阳极、阴极和门极。晶闸管具有硅整流器件的特性，能在高电压、大电流条件下工作，且其工作过程可以控制，被广泛应用于可控整流、交流调压、无触点电子开关、逆变及变频等电子电路中。

图 2-1-6　晶闸管实物图

2.2 基本无源元件

电阻、电容、电感都属于无源元件（工作时不需要专门的附加电源），在电路里起明显的阻碍作用。其中电阻体现出来的阻抗大小为 R；电容体现出来容抗，大小为 $\frac{1}{j\omega C}$；电感体现出感抗，大小为 $j\omega L$。

2.2.1 电阻器

电阻器是电子电路中使用最多的元件之一，主要用于控制和调节电路中的电流和电压，用作负载电阻和阻抗匹配等。

电阻器种类繁多，按结构形式可分为：固定电阻和可变电阻。固定电阻一般称为"电阻"，可变电阻常称作电位器，如图 2-2-1 所示。电阻器按材料可分为：碳膜电阻、金属膜电阻和线绕电阻等；按功率规格可分为：1/16 W、1/8 W、1/4 W、1/2 W、1 W、2 W、5 W 等；按误差范围可分为：精度为±5%、±10%、±20% 等的普通电阻和精度为±0.1%、±0.2%、±0.5%、±1%、±2% 等的精密电阻。电阻的类别可以通过外观的标记识别。

图 2-2-1　电阻器的符号表示
a）固定电阻　b）电位器

1. 电阻器的型号命令方法

电阻器的型号命令方法分为四个部分表示，见表 2-2-1。

表 2-2-1　电阻器的型号命名法

第 1 部分		第 2 部分		第 3 部分		第 4 部分
用字母表示主称		用字母表示材料		用数字或字母表示特征		用数字表示序号
符　号	意　义	符　号	意　义	符　号	意　义	意　义
R W	电阻器 电位器	T P U C H I J Y S N X R G M	碳膜 硼碳膜 硅碳膜 沉积膜 合成膜 玻璃釉膜 金属膜（箔） 氧化膜 有机实芯 无机实芯 线绕 热敏 光敏 压敏	1，2 3 4 5 7 8 9 G T X L W D	普通 超高频 高阻 高温 精密 电阻器—高压 电位器—特殊函数 特殊 功率型 可调 小型 测量用 微调 多圈	额定功率 阻值 允许误差 精度等级

示例：精密金属膜电阻器 R-J-7-3，如图 2-2-2 所示。

图 2-2-2　电阻器的命名示例

2. 电阻器的标称阻值

电阻器的常用单位为欧姆（Ω）、千欧（kΩ）和兆欧（MΩ）。标称阻值是指在电阻的生产过程中，按一定的规格生产电阻系列，见表 2-2-2，电阻值的标称值应为表中数字的 10^n，其中，n 为正整数、负整数或零，现在最常见的为 E24 系列，其精度为 ±5%。

表 2-2-2　电阻器（电位器）、电容器标称值系列

系　列	允许误差	标　称　值
E24	Ⅰ级（±5%）	1.0　1.1　1.2　1.3　1.5　1.6　1.8　2.0　2.2　2.4　2.7　3.0　3.3　3.6 3.9　4.3　4.7　5.1　5.6　6.2　6.8　7.5　8.2　9.1
E12	Ⅱ级（±10%）	1.0　1.2　1.5　1.8　2.2　2.7　3.3　3.9　4.7　5.6　6.8　8.2
E6	Ⅲ级（±20%）	1.0　1.5　2.2　3.3　4.7　6.8

3. 电阻器的标识

电阻器的标称阻值和允许误差一般都标注在电阻体上，常见的标注方法有以下几种：

1）直标法：直接把电阻阻值和误差用数字或字母印在电阻上，如 75 kΩ±10%，100 Ω Ⅰ（Ⅰ 为误差 ±5%），没有印误差等级则默认误差为 ±20%。

2）色标法：将不同颜色的色环涂在电阻体上来表示电阻的标称值及允许误差。电阻上各种颜色代表的阻值和误差见表 2-2-3。

表 2-2-3　色标法中颜色符号意义

颜　色	有效数字	倍乘数	允许偏差（%）	颜　色	有效数字	倍乘数	允许偏差（%）
棕	1	10^1	±1	灰	8	10^8	—
红	2	10^2	±2	白	9	10^9	—
橙	3	10^3	—	黑	0	10^0	—
黄	4	10^4	—	金	—	10^{-1}	±5
绿	5	10^5	±0.5	银	—	10^{-2}	±10
蓝	6	10^6	±0.2	无色			±20
紫	7	10^7	±0.1				

色标法常见有四色环法和五色环法。四色环法一般用于普通电阻器标注，五色环法一般用于精密电阻器标注。固定电阻色环标示读数识别规则如图 2-2-3 所示。

4. 电阻器的额定功率

电流流过电阻器时会使电阻器产生热量，在规定温度下，电阻器在电路中长期连续工作所允许消耗的最大功率称为额定功率。额定功率有两种标示方法：2 W 以上的电阻，直接用

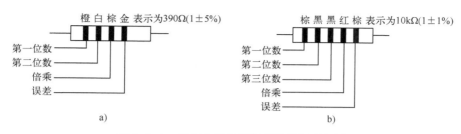

橙 白 棕 金 表示为390Ω(1±5%)

第一位数
第二位数
倍乘
误差

a)

棕 黑 黑 红 棕 表示为10kΩ(1±1%)

第一位数
第二位数
第三位数
倍乘
误差

b)

图 2-2-3　固定电阻色环标示读数识别规则

a) 普通电阻　b) 精密电阻

数字印在电阻体上；2 W 以下的电阻，以自身体积大小来表示功率，体积越大，额定功率越大。

5. 电阻器的简单测试

测量电阻器的方法有很多，可用欧姆表、电阻电桥和数字欧姆表直接测量，也可根据欧姆定律 $R=U/I$，通过测量流过电阻的电流 I 及电阻上的电压 U 来间接测量电阻值。

6. 电位器

电位器是一种阻值可连续调整变化的可调电阻。电位器有 3 个引出端，一个为滑动端，另两个为固定端，滑动端运动使滑动端与固定端之间的阻值在标称电阻值范围内变化。

电位器种类很多，按电阻体所用的材料不同分为碳膜电位器、线绕电位器、金属膜电位器、碳质实芯电位器、有机实芯电位器和玻璃釉电位器等，常用的电位器有：碳膜电位器、线绕电位器、直滑式电位器、方形电位器等。

电位器的参数与电阻器相同，电位器参数变化规律有直线式、指数式和对数式三种。可以根据需要选用。

2.2.2　电容器

电容器是由两个相互靠近的金属导体的中间夹一层不导电的绝缘介质组成的。它是一种储能元件，在电路中做隔绝直流、耦合交流、旁路交流等用。

电容器按不同的分类方法，可分为不同种类，如按介质材料不同可分为瓷质、涤纶、电解、气体和液体电容器；按结构不同可分为固定电容器、可变电容器和半可变电容器，如图 2-2-4 所示，其中图 2-2-4a 中有 "+" 的为电解电容，它有极性。由于结构和材料的不同，电容器外形也有较大的区别。

a)　　　　b)　　　　c)

图 2-2-4　电容器的符号表示

a) 固定电容器　b) 可变电容器　c) 半可变电容器

1. 电容器型号命名方法

电容器的型号命令方法，分为四个部分表示，见表 2-2-4。

27

表 2-2-4　电容器型号命名方法

第1部分		第2部分		第3部分					第4部分
用字母表示主称		用字母表示材料		用数字或字母表示特征					用数字表示序号
符号	意义	符号	意　义	符号	意　义				
					瓷介	云母	有机介质	电解	
C	电容器	A	钽电解	1	圆形	非密封	非密封（金属箔）	箔式	
		B	非极性有机薄膜介质	2	管形（圆柱）	非密封	非密封（金属化）	箔式	
		C	1类陶瓷介质	3	迭片	密封	密封（金属箔）	烧结粉非固体	
		D	铝电解	4	多层（独石）	独石	密封（金属化）	烧结粉固体	
		E	其他材料电解	5	穿心				
		G	合金电解	6	支柱式		交流	交流	
		H	复合介质	7	交流	标准	片式	无极性	
		I	玻璃釉介质	8	高压	高压	高压		
		J	金属化纸介质	9			特殊	特殊	
		L	极性有机薄膜介质	G	高功率				
		N	铌电解						
		O	玻璃膜介质						
		Q	漆膜介质						
		S	3类陶瓷介质						
		T	2类陶瓷介质						
		V	云母纸介质						
		Y	云母介质						
		Z	纸介质						

2. 电容器的标称容量和容许误差

电容器的常用单位有法拉（F）、微法（μF）、纳法（nF）和皮法（pF），电容量单位换算关系为：$1 F = 10^6 \mu F = 10^9 nF = 10^{12} pF$。标称容量是标示在电容器上的电容量，我国固定电容器标称容量系列为 E24、E12 和 E6。不同材料制造的电容器其标称容量系列也不一样，高频瓷质和涤纶电容器的标称容量系列采用 E24 系列，而电解电容器标称容量系列采用 E6 系列。

电容器误差一般分为三级，即 I 级，±5%；II 级，±10%；III 级，±20%。电解电容的误差允许范围较宽，可达−20%~50%。

3. 电容器的标示方法

电容的容量一般都标在电容器上，有的还标出误差和耐压。常见的标示法有如下几种。

1）直标法：将标称容量及允许误差直接标注在电容体上。用直标法标注的容量，有时不标单位，其识读方法为：凡容量大于1的无极性电容器，其容量单位为 pF；凡容量小于1的电容器，其容量单位为 μF；凡有极性电容器，容量单位是 μF。

示例：2u2-表示容量为 2.2 μF；　　　　　　4n7-表示容量为 4.7 nF 或 4700 pF；

　　　 0.01-表示容量为 0.01 μF；　　　　　　3300-表示容量为 3300 pF。

示例：CJX-250-0.33-±10%的标示含义如图 2-2-5 所示。

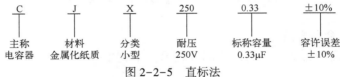

图 2-2-5　直标法

2）数标法：用3位数字表示电容器容量大小，前两位为电容标称容量的有效数字，第3位数字表示有效数字后面零的个数，单位是pF；但第3位数字是"9"时，有效数字应乘上 10^{-1}。

示例：103-表示容量10000 pF = 0.01 μF；　　　　　　221-表示容量220 pF；

339-表示容量33×10^{-1} = 3.3 pF。

直标法和数标法对于初学者来讲比较容易混淆，其区别方法为：一般来说直标法的第3位为0，而数标法第3位不为0。

3）色标法：电容器色标法与电阻器色标法相同，标示颜色意义也与电阻器基本相同，可参见表2-2-3，单位为pF。

4. 电容器的额定工作电压

电容器额定工作电压是表示电容器接入电路后，能够长期可靠地工作，不被击穿所能承受的最大直流电压，又称耐压。电容器在使用时一般不能超过其耐压值，否则就会造成电容器损坏，严重时还会造成电容器爆炸。电容器耐压值一般都直接标注在电容器表面，常用电容器的耐压系列为：6.3 V、10 V、16 V、25 V、40 V、63 V、100 V、250 V、400 V等。

2.2.3　电感器

电感器一般由线圈构成，故又称为电感线圈。电感器也是一种储能元件，在电路中有阻交流、通直流的作用，可以在交流电路中起阻电流、降电压、负载等作用，与电容器配合可用于调谐、振荡、耦合、滤波和分频等电路中。为了增加电感量，提高品质因数 Q，减小体积，线圈中常放置软磁材料制作的磁心。

根据电感器的结构可分为普通和带磁心电感器；根据电感器的电感量是否可调，电感器分为固定、可变电感器，它们的符号如图2-2-6所示。可变电感的电感量可利用磁心在线圈内移动而在较大的范围内调整。

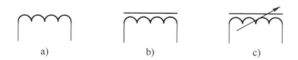

图2-2-6　电感器的符号

a）电感器线圈　b）带磁心电感器　c）带磁心可变电感器

1. 电感器的型号命令方法

它由四部分组成，各部分的含义如下：

第一部分为主称，常用 L 表示线圈，ZL 表示高频或低频扼流圈；第二部分为特征，常用 G 表示高频；第三部分为类型，常用 X 表示小型；第四部分为区别代号。

示例：LGX 为小型高频电感线圈。

2. 电感量

电感量是表述载流线圈中磁通量大小与电流关系的物理量，其大小与线圈圈数、线圈线径、绕制方法以及磁心介质材料有关。电感量的常用单位为 H（亨）、mH（毫亨）、μH（微亨）。

固定电感器的标称电感量可用直标法表示，也可用色标法表示。色环电感器电感量的大小一般用四色环标注法标注，与电阻器色标法和识读方法相似，参见表 2-2-3，其单位是 μH。电感器标称值系列一般按 E12 系列标注，参见表 2-2-2。

一般固定电感器误差为Ⅰ级、Ⅱ级、Ⅲ级，分别表示误差为±5%、±10%、±20%。精度要求较高的振荡线圈，其误差为±(0.2%~0.5%)。

3. 品质因数（Q 值）

品质因数是电感器的重要参数，通常称为 Q 值。Q 值的大小与绕制线圈所用导线线径粗细、绕法、股数以及线圈的匝数等因素有关。Q 值反映电感器传输能量的本领，Q 值越大，传输能量的本领越大，即损耗越小，质量越高，一般要求 $Q=50~300$。

4. 额定电流

额定电流是电感线圈中允许通过的最大电流，额定电流大小与绕制线圈的线径粗细有关。国产色码电感器通常用在电感器上印刷字母的方法来表示最大直流工作电流，字母 A、B、C、D、E 分别表示最大工作电流为 50 mA、150 mA、300 mA、700 mA、1600 mA。

2.3 二极管

2.3.1 二极管的分类

二极管是常用的半导体分立器件之一，内部构成本质上为一个 PN 结，P 端引出电极为正极，N 端引出电极为负极。二极管主要特性为单向导电性，广泛应用于整流、稳压、检波、变容、显示等电子电路中。

普通二极管一般有玻璃和塑料两种封装形式，其外壳上均印有型号和标记，识别很简单：小功率二极管的负极（N 极），在二极管外表大多采用一道色环标示出来，也有采用符号标示为 "P" "N" 来确定二极管的极性。发光二极管的正负极可从引脚长短来识别，长脚为正，短脚为负。

二极管的种类很多，分类见表 2-3-1。

表 2-3-1　二极管分类表

分类方法	种　类	分类方法	种　类
按材料分	锗材料	按用途分	发光
	硅材料		光电
按结构分	点接触型		变容
	面接触型		磁敏
按用途分	检波		隧道
	整流	按封装分	玻璃外壳（小型用）
	高压整流		金属外壳（大型用）
	硅堆		塑料外壳
	稳压		环氧树脂外壳
	开关		

2.3.2 二极管的主要技术参数

不同类型二极管所对应的主要特性参数有所不同，具有一定普遍意义的特性参数有以下几个。

1. 额定正向工作电流

额定正向工作电流是指二极管长期连续工作时允许通过的最大正向电流值。因为电流通过二极管时会使管芯发热，温度上升，温度超过容许限度（硅管为140℃左右，锗管为90℃左右）时，就会使管芯发热而损坏。所以，二极管使用时不要超过额定正向工作电流。例如：常用的IN4001-4007型锗整流二极管的额定正向工作电流为1A。

2. 最高反向工作电压

加在二极管两端的反向电压高到一定值时，会将二极管击穿，使其失去单向导电能力。为了保证使用安全，规定了最高反向工作电压值。例如：IN4001二极管反向耐压为50V，IN4007反向耐压为1000V。

3. 反向电流

反向电流指二极管在规定的温度和最高反向电压作用下，流过二极管的反向电流。反向电流越小，二极管的单向导电性能越好。值得注意的是，反向电流与温度有着密切的关系，大约温度每升高10℃，反向电流将增大1倍。在高温下硅二极管比锗二极管具有更好的稳定性。

2.3.3 常用二极管

常用类型二极管所对应的电路图形符号，如图2-3-1所示。

图2-3-1　常用类型二极管电路图形符号

a）普通二极管　b）隧道二极管　c）稳压二极管　d）发光二极管　e）光电二极管　f）变容二极管

1. 整流二极管

整流二极管的作用是将交流电整流成直流电，它是利用二极管单向导电特性工作的。整流二极管正向工作电流较大，工艺上大多用面接触结构，其结电容较大，因此，整流二极管工作频率一般小于3 kHz。

整流二极管主要有全封闭金属结构封装和塑料封装两种封装形式。通常额定正向工作电流在1A以上的整流二极管采用金属封装，以利于散热；额定正向工作电流在1A以下的采用全塑料封装，另外，由于工艺技术不断提高，也有不少较大功率的整流二极管采用塑料封装，在使用中应以区别。

整流电路通常为桥式整流电路，将4个整流二极管封装在一起的元件，称为整流桥或称整流全桥（简称全桥），如图2-3-2所示。

选用整流二极管时，主要应考虑其最大整流电流、最大反向工作电流、截止频率及反向恢复时间等参数。普通串联稳压电源电路中使用的整流二极管，对截止频率和反向恢复时间要求不高（可用1N系列、2CZ系列、RLR系列的整流二极管）。开关稳压电源的整流电路

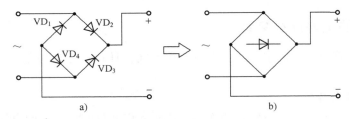

图 2-3-2　桥式整流电路

及脉冲整流电路中使用的整流二极管，应选用工作频率高、反向恢复时间较短的整流二极管（例如：RU 系列、EU 系列、V 系列、1SR 系列或快速恢复二极管）。

2. 检波二极管

检波二极管是利用 PN 结伏安特性的非线性特性把叠加在高频信号上的低频信号分离出来的一种二极管。检波二极管要求正向电压降小、检波效率高、结电容小、频率特性好，其外形一般采用 EA 玻璃封装结构。一般检波二极管采用锗材料点接触型结构。

选用检波二极管时，应根据电路的具体要求选择工作频率高、反向电流小、正向电流足够大的检波二极管。

3. 稳压二极管

稳压二极管又称齐纳二极管，有玻璃封装、塑料封装和金属外壳封装三种。稳压二极管是利用 PN 结反向击穿时电压基本上不随电流变化的特点来达到稳压的目的。稳压二极管正常工作时工作于反向击穿状态，外电路要加合适的限流电阻，以防止烧毁稳压二极管。

稳压二极管是根据击穿电压来分档的，其稳压值就是击穿电压值。稳压二极管主要作为稳压器或电压基准元件，可以串联使用，稳压值为各稳压二极管稳压值之和。稳压二极管不能并联使用，原因是每个管的稳压值有差异，并联后通过每个管的电流不同，个别管会因过载而损坏。

选用稳压二极管时应满足应用电路中主要参数的要求。稳压二极管的稳压值应与应用电路的基准电压值相同，稳压二极管的最大稳定电流应高于应用电路的最大负载电流 50% 左右。

4. 变容二极管

变容二极管是利用反向偏压来改变二极管 PN 结电容量的特殊半导体器件。变容二极管相当于一个电压控制的容量可变的电容器。它的两个电极之间的 PN 结电容大小，随加到变容二极管两端反向电压大小的改变而变化。变容二极管主要应用于电调谐、自动频率控制、稳频等电路中，作为一个可以通过电压控制的自动微调电容，起改变电路频率特性的作用。

选用变容二极管时应考虑其工作频率、最高反向工作电压、最大正向电流和零偏压结电容等参数是否符合应用电路的要求，应选用结电容变化大、高 Q 值、反向漏电流小的变容二极管。

5. 光电二极管

光电二极管在光照射下其反向电流与光照度成正比，常应用于光电转换及光控、测光等自动控制电路中。

6. 发光二极管

发光二极管（英文简称 LED）能把电能直接快速地转换成光能，属于主动发光器件。

常用作显示、状态信息指示等。

发光二极管除了具有普通二极管的单向导电特性之外，还可以将电能转换为光能，给发光二极管外加正向电压时，它也处于导通状态，当正向电流流过管芯时，发光二极管就会发光，将电能转换成光能。

发光二极管的发光颜色主要由制作材料以及掺入杂质种类决定，目前常见的发光二极管发光颜色主要有蓝色、绿色、黄色、橙色、红色、白色等。其中白色发光二极管为新产品，主要应用于手机背光灯、液晶显示器背光灯、照明等领域。

发光二极管的工作电流通常为 $2\sim25\text{ mA}$，其工作电流不能超过额定值太多，否则有烧毁的危险。故通常在发光二极管回路中串联一个电阻，作为限流电阻 R，限流电阻的阻值可由公式算出：

$$R = (U - U_F)/I_F$$

式中，U 是电源电压；U_F 是工作电压；I_F 是工作电流。

工作电压（即正向电压降）随着材料的不同而不同，普通绿色、黄色、红色、橙色发光二极管的工作电压约 2 V，白色发光二极管的工作电压通常高于 2.4 V，蓝色发光二极管的工作电压通常高于 3.3 V。

红外发光二极管是一种特殊的发光二极管，其外形和发光二极管相似，只是它发出的是红外光，在正常情况下人眼是看不见的。其工作电压约为 1.4 V，工作电流一般小于 20 mA。

有些公司将两个不同颜色的发光二极管封装在一起，使之成为双色二极管（又名变色发光二极管），这种发光二极管通常有 3 个引脚，其中一个是公共脚，它可以发出 3 种颜色的光（其中一种是两种颜色的混合色），故通常作为不同工作状态的指示器件。

7. 双向触发二极管

双向触发二极管也称二端交流器件（DIAC）。它是一种硅双向触发开关器件，当双向触发二极管两端施加的电压超过其击穿电压时，两端即导通，导通将持续到电流中断或降到器件的最小保持电流才会再次关断。双向触发二极管常应用在过电压保护电路、移相电路、晶闸管触发电路、定时电路中。双向触发二极管在常用的调光灯中的应用电路如图 2-3-3 所示。

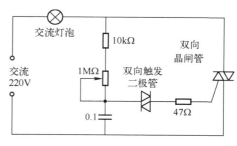

图 2-3-3　调光灯电路

8. 其他特性二极管

1）肖特基二极管：具有反向恢复时间很短、正向电压降较低的特性，可用于高频整流、检波、高速脉冲钳位等。

2）快速恢复二极管：正向电压降与普通二极管相近，但反向恢复时间短，耐压比肖特基二极管高得多，可用作中频整流元件。

3）开关二极管：反向恢复时间很短，主要用于开关脉冲电路和逻辑控制电路中。

2.3.4　使用二极管注意事项

1. 普通二极管

1）在电路中应按注明的极性进行连接。

2）根据需要正确选择型号。同一型号的整流二极管可串联、并联使用。在串联、并联使用时，应视实际情况决定是否需要加入均衡（串联均压，并联均流）装置（或电阻）。

3）引出线的焊接或弯曲处，离管壳距离不得小于 10 mm。为防止因焊接时过热而损坏，要使用小于 60 W 的电烙铁，焊接时间要快（2~3 s）。

4）应避免靠近发热器件，并保证散热良好。工作在高频或脉冲电路的二极管，引线要尽量短。

5）对整流二极管，为保证其可靠工作，反向电压常降低 20% 使用。

6）切勿超过手册中规定的最大允许电流和电压值。

7）二极管的替换。硅管和锗管不能互相替换用。二极管替换时，替换的二极管其最高反向工作电压和最大整流电流不应小于被替换管。根据工作特点，还应考虑其他特性，如：截止频率、结电容、开关速度等。

2. 稳压二极管

1）可将任意稳压二极管串联使用，但不得并联使用。

2）工作过程中，所用稳压二极管的电流与功率不允许超过极限值。

3）稳压二极管接在电路中，应工作于反向击穿状态，即工作于稳压区。

4）稳压二极管的替换。必须使替换上去的稳压管的稳压电压额定值 U_z 与原稳压二极管的值相同，而最大工作电流则要相等或更大。

2.4 晶体管

晶体管是电子电路中广泛应用的有源器件之一，在模拟电子电路中主要起放大作用，晶体管还能在开关、控制、振荡等电路中发挥作用。

2.4.1 晶体管的分类和图形符号

1. 晶体管的分类

晶体管的分类见表 2-4-1。

表 2-4-1　晶体管分类表

晶体管	按导电类型分	NPN 晶体管	晶体管	按工艺方法和管芯结构分	合金晶体管（均匀基区晶体管）
		PNP 晶体管			合金扩散晶体管（缓变基区晶体管）
	按频率分	高频晶体管			
		低频晶体管			
	按功率分	小功率晶体管			台面晶体管（缓变基区晶体管）
		中功率晶体管			
		大功率晶体管			平面晶体管、外延平面晶体管（缓变基区晶体管）
	按电性能分	开关晶体管			
		高反压晶体管			
		低噪声晶体管			

2. 晶体管的图形符号和引脚排列

晶体管按内部半导体极性结构的不同，分为 NPN 型和 PNP 型，这两类晶体管电路符号和封装形式，如图 2-4-1 所示。

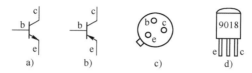

图 2-4-1　晶体管图形符号和封装形式

a）NPN 型管　b）PNP 型管　c）金属封装　d）塑料封装

晶体管引脚排列因型号、封装形式与功能等的不同而有所区别，小功率晶体管的封装形式有金属封装和塑料外壳封装两种，大功率晶体管，外形一般分为"F"形和"G"形两种。

2.4.2　晶体管常用参数符号及其意义

晶体管常用参数符号及其意义见表 2-4-2。

表 2-4-2　晶体管常用参数符号及其意义

符号	意　义
I_{CBO}	发射极开路，集电极与基极间的反向电流
I_{CEO}	基极开路，集电极与发射极间的反向电流（俗称穿透电流）。$I_{CEO} \approx \beta I_{CBO}$
U_{BES}	晶体管处于导通状态时，输入端 B、E 之间电压降大小
U_{CES}	在共发射极电路中，晶体管处于饱和状态时，C、E 端点间的输出电压降
r_{be}	输入电阻，r_{be} 是晶体管输出端交流短路，即 $\Delta U_{CE}=0$ 时 b、e 极间的电阻，$r_{be}=\dfrac{\Delta U_{be}}{\Delta I_b}$（$U_{CE}=$ 常数），低频小功率管的 $r_{be}=300\,\Omega+(1+\beta)\dfrac{26(V)}{I_e(mA)}$
h_{FE}	共发射极小信号直流电流放大系数：$h_{FE}=\dfrac{I_C}{I_B}$
β	共发射极小信号交流电流放大系数：$\beta=\dfrac{\Delta I_C}{\Delta I_B}$（$U_{CE}=$ 常数）
α	共基极电流放大系数：$\alpha=\dfrac{I_C}{I_E}$
f_{β}	共发射极截止频率。晶体管共发应用时，其 β 值下降 0.707 倍时所对应的频率
f_{α}	共基极截止频率。晶体管共基应用时，其 α 值下降 0.707 倍时所对应的频率
f_T	特征频率。当晶体管共发应用时，其 β 下降为 1 时所对应的频率。它表征晶体管具备电流放大能力的极限
K_P	功率增益。晶体管输出功率与输入功率之比
f_{max}	最高振荡频率。它表示晶体管的功率增益 $K_P=1$ 时所对应的工作频率。它表征晶体管具备功率放大能力的极限
U_{CBO}	发射极开路时集电极-基极间的击穿电压
U_{CEO}	基极开路时集电极-发射极间的击穿电压
I_{CM}	集电极最大允许电流。它是 β 值下降到最大值的 1/2 或 1/3 时的集电极电流
P_{CM}	集电极最大耗散功率。它是集电极允许耗散功率的最大值
N_F	噪声系数。晶体管输入端的信噪比与输出端信噪比的相对比值
t_{on}	开启时间。它表示晶体管由截止关态过渡到导通开态所需要的时间。它由延迟时间和上升时间两部分组成。$t_{on}=t_d+t_r$
t_{off}	关闭时间。它表示晶体管由导通开态过渡到截止关态所需要的时间。它由存储时间和下降时间两部分组成。$t_{off}=t_s+t_f$

2.4.3　使用晶体管注意事项

1）加到晶体管上的电压极性应正确。PNP 型管的发射极对其他两极是正电位，而 NPN 型管则应是负电位。

2）不论是静态、动态或不稳定态（如电路开启、关闭时），均须防止电流、电压超出最大极限，也不得有两项以上参数同时达到极限。

3）选用晶体管主要应注意极性和下述参数：P_{CM}、I_{CM}、U_{CEO}、U_{EBO}、I_{CEO}、β、f_T 和 f_β。由于 $U_{CBO}>U_{CES}>U_{CER}>U_{CEO}$，因此只要 U_{CEO} 满足要求就可以了。一般高频工作时要求 $f_T=(5\sim10)f$，f 为工作频率。开关电路工作时则应考虑晶体管的开关参数。

4）晶体管的替换。只要晶体管的基本参数相同就能替换，性能高的可替换性能低的。对低频小功率管，任何型号的高、低频小功率管都可以替换它，但 f_T 不能太高。只要 f_T 符合要求，一般就可以替换高频小功率管，但应选取内反馈小的晶体管，$h_{FE}>20$ 即可。对于低频大功率管，一般只要 P_{CM}、I_{CM}、U_{CEO} 符合要求即可，但应考虑 h_{FE}、U_{CES} 的影响。对电路中有特殊要求的参数（如 N_F、开关参数）应满足。此外，通常锗管和硅管不能互换。

5）工作于开关状态的晶体管，因 U_{CEO} 一般较低，所以应考虑是否要在基极回路加保护线路（如线圈两端并联续流二极管），以防线圈反电动势损坏晶体管。

6）晶体管应避免靠近发热元件，减小温度变化和保证管壳散热良好。功率放大管在耗散功率较大时应加散热片。管壳与散热片应紧贴固定。散热装置应垂直安装，以利于空气自然对流。

7）国产晶体管 β 值的大小通常采用色标法表示，即在晶体管顶面涂上不同的色点。各种颜色对应的 β 值见表 2-4-3。

表 2-4-3　部分国产晶体管用色点表示的 β 值

色点	棕	红	橙	黄	绿	蓝	紫	灰	白	黑
β	5~15	15~25	25~40	40~55	55~80	80~120	120~180	180~270	270~400	400 以上

2.5　场效应晶体管

场效应是指半导体材料的导电能力随电场改变而变化的现象。

场效应晶体管（Field Effect Transistor，FET）是当给晶体管加上一个变化的输入信号时，信号电压的改变使加在器件上的电场改变，从而改变器件的导电能力，使器件的输出电流随电场信号改变而改变，其特性与电子管很相似，同是电压控制器件。电子管中的电子是在真空中运动完成导电任务；场效应晶体管是多数载流子（电子或空穴）在半导体材料中运动而实现导电的，参与导电的只有一种载流子，故又称其为单极型晶体管，简称场效应晶体管。场效应晶体管的内部基本构成也是 PN 结，是一种通过电场实现电压对电流控制的新型三端电子元器件，其外部电路特性与晶体管相似。

场效应晶体管的特点是：输入阻抗高，在线路上便于直接耦合；结构简单，便于设计，容易实现大规模集成；温度稳定性好，不存在电流集中的问题，避免了二次击穿；是多子导电的单极器件，不存在少子存储效应，开关速度快、截止频率高、噪声系数低；其 I、U 成"平方律"关系，是良好的非线性器件。因此，场效应晶体管用途广泛，可用于开关、阻抗匹配、微波放大、大规模集成等领域，构成交流放大器、有源滤波器、直流放大器、电压控制器、源极跟随器、斩波器、定时电路等。

2.5.1 场效应晶体管的分类和图形符号

1. 场效应晶体管的分类

（1）按内部构成特点分类

场效应晶体管按结构分为结型场效应晶体管（JFET）和绝缘栅型场效应晶体管（IG-FET），其中绝缘栅型场效应晶体管多采用以二氧化硅为绝缘层的 MOS 场效应晶体管（MOSFET）。

（2）按结构和材料分类

① 结型 FET（JFET）。

硅 FET（SiFET）分为单沟道、V 形槽、多沟道三类。

砷化镓 FET（GaAsFET）分为扩散结、生长结、异质结三类。

② 肖特基栅 FET（MESFET）。

GaSsMESFET 分为单栅、双栅、梳状栅三类。

异质结 MESFET（InPMESFET）。

③ 金属–氧化物–半导体 FET（MOSFET）。

SiMOSFET 分为 NMOS、PMOS、CMOS、DMOS、VMOS、SOS SOI。

（3）按导电沟道分类

① N 沟道 FET：沟道为 N 型半导体材料，导电载流子为电子的 FET。

② P 沟道 FET：沟道为 P 型半导体材料，导电载流子为空穴的 FET。

（4）按工作状态分类

① 耗尽型（常开型）：当栅源电压为 0 时，已经存在导电沟道的 FET。

② 增强型（常关型）：当栅源电压为 0 时，导电沟道夹断，当栅源电压为一定值时才能形成导电沟道的 FET。

结型场效应晶体管分为 N 沟道和 P 沟道两种类型。MOSFET 也有 N 沟道和 P 沟道两种类型，但每一类又分为增强型和耗尽型两种，因此 MOSFET 有四种具体类型：N 沟道增强型 MOSFET、N 沟道耗尽型 MOSFET、P 沟道增强型 MOSFET、P 沟道耗尽型 MOSFET。

2. 场效应晶体管的图形符号

结型场效应晶体管的图形符号如图 2-5-1 所示。

MOSFET 的图形符号如图 2-5-2 所示。

图 2-5-1　结型场效应晶体管图形符号

a）N 沟道　b）P 沟道

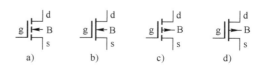

图 2-5-2　MOSFET 图形符号

a）N 沟道增强型 MOSFET　b）N 沟道耗尽型 MOSFET

c）P 沟道增强型 MOSFET　d）P 沟道耗尽型 MOSFET

2.5.2 场效应晶体管常用参数及其意义

场效应晶体管常用参数符号及其意义见表 2-5-1。

表 2-5-1 场效应晶体管常用参数符号及其意义

参数名称	符号	意　义
夹断电压	U_P	在规定的漏源电压下，使漏源电流下降到规定值（即使沟道夹断）时的栅源电压 U_{GS}。此定义适用于耗尽型 JFET MOSFET
开启电压（阈值电压）	U_T	在规定的漏源电压 U_{DS} 下，使漏源电流 I_{DS} 达到规定值（即发生反型沟道）时的栅源电压 U_{GS}。此定义适用于增强型 MOSFET
漏源饱和电流	I_{DSS}	栅源短路（$U_{GS}=0$）、漏源电压足够大时，漏源电流几乎不随漏源电压变化，所对应漏源电流为漏源饱和电流，此定义适用于耗尽型
跨导	$g_m（g_{ms}）$	漏源电压一定时，栅压变化量与由此而引起的漏电流变化量之比，它表征栅电压对栅电流的控制能力，单位是西门子（S） $$g_{ms}=\frac{\Delta I_D}{\Delta U_{GS}}\bigg|_{U_{DS}=常数}$$
截止频率	f_T	共源电路中，输出短路电流等于输入电流时的频率。与双极性晶体管 f_T 很相似。由于 g_m 与 C_{gs} 都随栅压变化，所以 f_T 亦随栅压改变而改变 $$f_T=\frac{g_m}{2\pi C_{gs}}$$ （式中，C_{gs} 为栅源电容）
漏源击穿电压	U_{BDS}	漏源电流开始急剧增加时所对应的漏源电压
栅源击穿电压	U_{BGS}	对于 JFET 是指栅源之间反向电流急剧增长时对应的栅源电压；对于 MOSFET 是使 SiO$_2$ 绝缘层击穿导致栅源电流急剧增长时的栅源电压
直流输入电阻	r_{gs}	栅电压与栅电流之比。对于 JFET 是 PN 结的反向电阻；对于 MOSFET 是栅绝缘层的电阻

2.5.3 使用场效应晶体管注意事项

1）为安全使用场效应晶体管，在电路设计中不能超过场效应晶体管的耗散功率、最大漏源电压、最大栅源电压和最大电流等参数的极限值。结型场效应晶体管的源极、漏极可以互换使用。

2）各类型场效应晶体管在使用时，应严格按要求的偏置接入电路，要遵守场效应晶体管偏置的极性。如结型场效应晶体管栅源漏之间是 PN 结，N 沟道场效应晶体管栅极不能加正偏压；P 沟道场效应晶体管栅极不能加负偏压等。

3）MOSFET 由于输入阻抗极高，所以在运输、储藏中必须将引出脚短路，要用金属屏蔽包装，以防止外来感应电势将栅极击穿。尤其要注意，不能将 MOSFET 放入塑料盒子内，保存时最好放在金属盒内，同时也要注意场效应晶体管的防潮。

4）为了防止场效应晶体管栅极感应击穿，要求一切测试仪器、工作台、电烙铁、电路本身都必须有良好的接地；引脚在焊接时，先焊源极；在连入电路之前，场效应晶体管的全部引线端保持互相短接状态，焊接完后才把短接材料去掉；从元器件架上取下场效应晶体管时，应以适当的方式确保人体接地，如采用接地环等；当然，如果能采用先进的气热型电烙铁，焊接场效应晶体管是比较方便的，并且能确保安全；在未关断电源时，绝对不可以把场效应晶体管插入电路或从电路中拔出。

5）在安装场效应晶体管时，注意安装的位置要尽量避免靠近发热元件；为了防止场效应晶体管件振动，有必要将管壳体紧固起来；引脚引线在弯曲时，应当在大于根部尺寸5 mm处进行，以防止弯断引脚和引起漏气等。对于功率型场效应晶体管，要有良好的散热条件。因为功率型场效应晶体管在高负荷条件下使用，必须设计足够的散热器，确保壳体温度不超过额定值，使场效应晶体管长期稳定可靠地工作。

2.6 半导体集成电路

2.6.1 集成电路基础知识

集成电路（Integrated Circuit，IC）按其功能可分为模拟集成电路和数字集成电路。模拟集成电路用来产生、放大和处理各种模拟信号。数字集成电路用来产生、处理各种数字信号。

1. 模拟集成电路

模拟集成电路相对数字集成电路和分立元件电路而言具有以下特点：

1）电路处理的是连续变化的模拟量电信号，除输出级外，电路中的信号幅度值较小，集成电路内的器件大多工作在小信号状态。

2）信号的频率范围通常比较大。

3）模拟集成电路在生产中采用多种工艺，其制造技术一般比数字电路复杂。

4）除了应用于低压电器中的电路，大多数模拟集成电路的电源电压较高。

5）模拟集成电路比分立元件电路具有内繁外简的电路特点，内部构成电路复杂，外部应用方便，外接电路元件少，电路功能更加完善。

模拟集成电路按其功能可分为线性、非线性和功率集成电路。线性集成电路包括运算放大器、直流放大器、音频电压放大器、中频放大器、高频（宽频）放大器、稳压器、专用集成电路等；非线性集成电路包括电压比较器、A/D转换器、D/A转换器、读出放大器、调制解调器、变频器、信号发生器等；功率集成电路包括音频功率放大器、射频发射电路、功率开关、变换器、伺服放大器等。上述模拟集成电路的上限频率最高均在300 MHz以下，300 MHz以上的称为微波集成电路。

2. 数字集成电路

数字集成电路按制作工艺分为双极型和单极型两类。双极型电路中有代表性的是晶体管–晶体管逻辑（TTL）集成电路；单极型电路中有代表性的是互补金属氧化物半导体（CMOS）集成电路。国产TTL集成电路的标准系列为CT54/74系列或CT0000系列，其功能和外引线排列与国际54/74系列相同。国产CMOS集成电路主要为CC（CH）4000系列，其功能和外引线排列与国际CD4000系列相对应。高速CMOS系列中，74HC和74HCT系列与TTL74系列相对应，74HC4000系列与CC4000系列相对应。

与双极型逻辑电路相比，CMOS逻辑电路具有制造工艺简单、便于大规模集成、抗干扰能力强、功耗低、带负载能力强等优点，但也有工作速度偏低、驱动能力偏弱和易引入干扰等弱点。随着科技的发展，近年来，CMOS集成电路工艺有了飞速的发展，使得CMOS电路在驱动能力和速度等方面大大提高，出现了许多新的系列，如，"ACT"系列（具有与TTL相一致的输入特性）、"HCT"系列（同TTL电平兼容）、低压电路系列等。当前，CMOS逻辑电路在大规模、超大规模集成电路方面已经超过了双极型逻辑电路的发展势头。

在实验室内，由于使用者主要是学生，除了价格以外，应多考虑配置不易被损坏、兼容性好且常用的器件；另外，考虑到 CMOS 器件的使用越来越广泛，和 TTL 器件的兼容性也越来越好，实验室内建议配置 TTL 和 CMOS 两类电路。下文将对 TTL 和 CMOS 集成电路以及两类集成电路混用时要注意的问题做简要介绍。

（1）TTL 集成电路的特点

1）输入端一般有钳位二极管，减少了反射干扰的影响。

2）输出阻抗低，带容性负载的能力较强。

3）有较大的噪声容限。

4）采用 5 V 的电源供电。

为了正常发挥器件的功能，应使器件在推荐的条件下工作，对 CT0000 系列（74LS 系列）器件，要求有以下几点：

1）电源电压应在 4.75~5.25 V 的范围内。

2）环境温度在 0~70℃之间。

3）高电平输入电压 U_{IH}>2 V，低电平输入电压 U_{IL}<0.8 V。

4）输出电流应小于最大推荐值（查手册）。

5）工作频率不能高，一般的门和触发器的最高工作频率约在 30 MHz 左右。

（2）CMOS 集成电路的特点

1）静态功耗低：电源电压 U_{DD} = 5 V 的中规模电路的静态功耗小于 100 μW，从而有利于提高集成度和封装密度，降低成本，减小电源功耗。

2）电源电压范围宽：4000 系列 CMOS 电路的电源电压范围为 3~18 V，从而使电源选择余地大，电源设计要求低。

3）输入阻抗高：正常工作的 CMOS 集成电路，其输入端保护二极管处于反偏状态，直流输入阻抗可大于 100 MΩ，但在工作频率较高时，应考虑输入电容的影响。

4）扇出能力强：在低频工作时，一个输出端可驱动 50 个以上的 CMOS 器件的输入端，这主要因为 CMOS 器件的输入阻抗高的缘故。

5）抗干扰能力强：CMOS 集成电路的电压噪声容限可达电源电压的 45%，而且高电平和低电平的噪声容限值基本相等。

6）逻辑摆幅大：空载时，输出高电平 U_{OH}>(U_{DD}-0.05 V)，输出低电平 U_{OL}<(U_{SS}+0.05 V)。

CMOS 集成电路还有较好的温度稳定性和较强的抗辐射能力。不足之处是，一般 CMOS 器件的工作速度比 TTL 集成电路低，功耗随工作频率的升高而显著增大。

CMOS 器件的输入端和 U_{SS} 之间接有保护二极管，除了电平变换器等一些接口电路外，输入端和正电源 U_{DD} 之间也接有保护二极管，因此，在正常运输和焊接 CMOS 器件时，一般不会因感应电荷而损坏器件。但是，在使用 CMOS 数字集成电路时，输入信号的低电平不能低于(U_{SS}-0.5 V)，除某些接口电路外，输入信号的高电平不得高于(U_{DD}+0.5 V)，否则可能引起保护二极管导通，甚至损坏，进而可能使输入级损坏。

3. 集成电路的数据手册

每一个型号的集成逻辑器件都有自己的数据手册（Datasheet），查阅数据手册可以获得诸如生产者、功能说明、设计原理、电特性（包括 DC 和 AC）、机械特性（封装和包装）、原理图和 PCB 设计指南等信息。其中有些信息是在使用时必须关注的，有些是根本无须考虑的, 而且设计要求不同, 需要关注的信息也会不同。所以, 要正确使用集成电路, 必须学会阅读集成电路数据手册。基本要求是:

1) 要理解集成电路各种参数的意义。

2) 要清楚为了达到目前的设计指标, 该关注集成电路的哪些参数。

3) 在器件手册中查找自己关心的参数, 看是否满足自己的要求, 这时可能会得到很多种在功能和性能上都满足设计要求的集成电路的型号。

4) 在满足功能和性能要求的前提下, 综合考虑供货、性价比等情况做出最后选择, 确定一个型号。

下面仅就集成电路的封装 (见表 2-6-1) 和引脚标识做简单说明, 其他信息请查阅相关资料。

表 2-6-1　集成电路的封装形式

序号	封装类型及其说明	外观举例
1	球栅触点阵列 (BGA) 封装: 表面贴装型封装的一种, 在 PCB 的背面布置二维阵列的球形端子, 而不采用针脚引脚。焊球的间距通常为 1.5 mm、1.0 mm、0.8 mm, 与插针网格阵列 (PGA) 封装相比, 不会出现针脚变形问题。球栅触点阵列封装具体有增强型 BGA (EBGA)、低轮廓 BGA (LBGA)、塑料 BGA (PBGA)、细间距 BGA (FBGA)、带状封装超级 BGA (TSBGA) 封装等	
2	双列直插式 (DIP) 封装: 引脚在芯片两侧排列, 是插入式封装中最常见的一种, 引脚间距为 2.54 mm, 电气性能优良, 又有利于散热, 可制成大功率器件, 具体有塑料 DIP (FDIP)、陶瓷 DIP (PCDIP) 封装等	
3	带引脚的陶瓷芯片载体 (CLCC) 封装: 表面贴装型封装之一, 引脚从封装的 4 个侧面引出, 呈 J 字形。带有窗口的用于封装紫外线擦除型 EPROM 以及带有 EPROM 的微机电路等, 也称 J 形引脚芯片载体 (JLCC) 封装、四侧 J 形引脚扁平 (QFJ) 封装等	
4	无引线陶瓷载体 (LCCC) 封装: 芯片封装在陶瓷载体中, 无引脚的电极焊端排列在底面的四边。引脚中心距为 1.27 mm, 引脚数为 18~156。高频特性好, 造价高, 一般用于军品	
5	矩栅 (岸面栅格) 阵列 (LGA) 封装: 是一种没有焊球的重要封装形式。它可直接安装到 PCB 上, 比其他 BGA 封装在与基板 或衬底的互连形式上要方便得多, 被广泛应用于微处理器和其他高端芯片封装上	
6	四方扁平封装 (QFP): 一种表面贴装型封装, 引脚端子从封装的两个侧面引出, 呈 L 字形, 引脚间距为 1.0 mm、0.8 mm、0.65 mm、0.5 mm、0.4 mm、0.3 mm, 引脚数可达 300, 具体有薄 (四方形) (QFP) TQFP、塑料 QFP (PQFP)、小引脚中心距 QFP (FQFP)、薄型 (QFP) LQFP 等	
7	插针网格阵列 (PGA) 封装: 芯片内外有多个方阵形的插针, 每个方阵形插针沿芯片的四周间隔一定距离排列, 根据引脚数目的多少, 可以围成 2~5 圈。安装时, 将芯片插入专门的 PGA 插座, 具体有塑料 (PGA) PPGA、有机 (PGA) OPGA、陶瓷 (PGA) CPGA 封装等	

序 号	封装类型及其说明	外 观 举 例
8	单列直插式（SIP）封装：引脚中心距通常为 2.54 mm，引脚数为 2~23，多数为定制产品。造价低且安装方便，广泛用于民品	
9	小外形封装（SOP）：引脚有 J 形和 L 形两种形式，中心距一般分 1.27 mm 和 0.8 mm 两种。1968 年—1969 年由飞利浦公司开发成功 SOP 封装技术，以后逐渐派生出 J 形 SOP（JSOP）、薄 SOP（TSOP）、甚小 SOP（VSOP）、缩小型 SOP（SSOP）、薄的缩小型 SOP（TSSOP）及小外形晶体管（SOT）、小外形集成电路（SOIC）封装等	

不论哪种封装形式，外壳上都有供识别引脚排序/定位（或称第 1 脚）的标记，如管键、弧形凹口、圆形凹坑、小圆圈、色条、斜切角等。识别数字集成电路引脚的方法是：将 IC 正面的字母、代号对着自己，使定位标记朝左下方，则处于最左下方的引脚是第 1 脚，再按逆时针方向依次数引脚，第 2 脚、第 3 脚等。个别进口集成电路引脚排列顺序是反的，这类集成电路的型号后面一般带有字母"R"。除了掌握这些一般规律外，要养成查阅数据手册的习惯，通过阅读数据手册，可以准确无误地识别集成电路的引脚。

实验中常用的数字集成电路芯片多为双列直插式封装（DIP），其引脚数有 14、16、20、24 等多种。在标准型 TTL/CMOS 集成电路中，电源端 U_{CC}/U_{DD} 一般排在左上端，接地端 GND/U_{SS} 一般排在右下端。芯片引脚图中字母 A、B、C、D、I 为电路的输入端，En、G 为电路的使能端，NC 为空脚。Y、Q 为电路的输出端，U_{CC}/U_{DD} 为电源，GND/U_{SS} 为地，字母上的非号表示低电平有效。

4. 逻辑电平

（1）常用的逻辑电平

逻辑电平有 TTL、CMOS、LVTTL、ECL、PECL、GTL；RS232、RS422、LVDS 等几种。其中 TTL 和 CMOS 的逻辑电平按典型电压可分为四类：5 V 系列（5 V TTL 和 5 V CMOS）、3.3 V 系列、2.5 V 系列和 1.8 V 系列。

5 V TTL 和 5 V CMOS 逻辑电平是通用的逻辑电平。

3.3 V 及以下的逻辑电平被称为低电压逻辑电平，常用的为 LVTTL 电平。

低电压的逻辑电平还有 2.5 V 和 1.8 V 两种。

ECL/PECL 和 LVDS 是差分输入/输出。

RS422/RS485 和 RS232 是串口的接口标准，RS422/RS485 是差分输入/输出，RS232 是单端输入/输出。

（2）TTL 和 CMOS 逻辑电平的关系

图 2-6-1 为 5 V TTL 逻辑电平、5 V CMOS 逻辑电平、LVTTL 逻辑电平和 LVCMOS 逻辑电平的示意图。

5 V TTL 逻辑电平和 5 V CMOS 逻辑电平是很通用的逻辑电平，注意它们的输入/输出电平差别较大，在互连时要特别注意。

另外，5 V CMOS 器件的逻辑电平参数与供电电压有一定关系，一般情况下，$U_{OH} \geqslant$

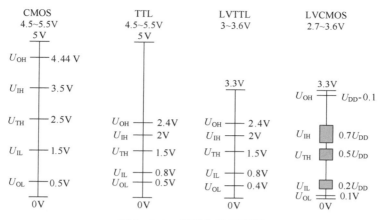

图 2-6-1 逻辑电平示意图

$U_{DD}-0.2$ V，$U_{IH} \geqslant 0.7 U_{DD}$；$U_{OL} \leqslant 0.1$ V，$U_{IL} \leqslant 0.3 U_{DD}$；噪声容限较 TTL 电平高。

联合电子器件工程委员会（JEDEC）在定义 3.3 V 的逻辑电平标准时，定义了 LVTTL 和 LVCMOS 逻辑电平标准。LVTTL 逻辑电平标准的输入/输出电平与 5 V TTL 逻辑电平标准的输入/输出电平很接近，从而给它们之间的互连带来了方便。LVTTL 逻辑电平定义的工作电压范围是 3~3.6 V。

LVCMOS 逻辑电平标准是从 5 V CMOS 逻辑电平标准移植过来的，所以它的 U_{IH}、U_{IL} 和 U_{OH}、U_{OL} 与工作电压有关，其值如图 2-6-1 所示。LVCMOS 逻辑电平定义的工作电压范围为 2.7~3.6 V。

5 V 的 CMOS 逻辑器件工作于 3.3 V 时，其输入/输出逻辑电平为 LVCMOS 逻辑电平。它的 U_{IH} 大约为 $0.7 U_{DD} = 2.31$ V，由于此电平与 LVTTL 的 U_{OH}（2.4 V）之间的电压差太小，使逻辑器件工作的不稳定性增加，所以一般不推荐 5 V CMOS 器件工作于 3.3 V 电压的工作方式。由于相同的原因，使用 LVCMOS 输入电平参数的 3.3 V 逻辑器件也很少。

JEDEC 为了加强在 3.3 V 上各种逻辑器件的互连和 3.3 V 与 5 V 逻辑器件的互连，在参考 LVCMOS 和 LVTTL 逻辑电平标准的基础上，又定义了一种标准，其名称为 3.3 V 逻辑电平标准，其参数如图 2-6-2 所示。

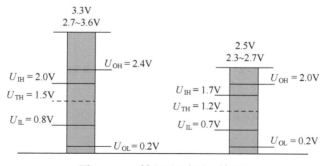

图 2-6-2 低电压逻辑电平标准

从图 2-6-2 可以看出，3.3 V 逻辑电平标准的参数其实和 LVTTL 逻辑电平标准的参数差别不大，只是它定义的 U_{OL} 可以很低（0.2 V），另外，它还定义了其 U_{OH} 最高可以到

$U_{CC}-0.2\,V$，所以 3.3 V 逻辑电平标准可以包容 LVCMOS 的输出电平。在实际使用当中，对 LVTTL 标准和 3.3 V 逻辑电平标准并不太区分，一般来说可以用 LVTTL 电平标准来替代 3.3 V 逻辑电平标准。

JEDEC 还定义了 2.5 V 逻辑电平标准，如图 2-6-2 所示。另外，还有一种 2.5 V CMOS 逻辑电平标准，它与图 2-6-2 的 2.5 V 逻辑电平标准差别不大，可兼容。

低电压的逻辑电平还有 1.8 V、1.5 V、1.2 V 等。

2.6.2　集成运算放大器

1. 集成运放简介

集成运算放大器简称集成运放，实质上是一种集成化的直接耦合式高放大倍数的多级放大器。它是模拟集成电路中发展最快、通用性最强的一类集成电路，广泛用于模拟电子电路各个领域。目前除了高频和大功率电路，凡是由晶体管组成的线性电路和部分非线性电路都能以集成运放为基础的电路组成。

图 2-6-3 为集成运放传统图形符号，它有两个输入端，一个输出端，"−"号端为反向输入端，表示输出信号 u_o 与输入信号 u_- 的相位相反；"+"号端为同相输入端，表示输出信号 u_o 与输入信号 u_+ 的相位相同。运放通常还有电源端、外接调零端、相位补偿端、公共接地端等。集成运放的外形有圆壳式、双列直插式、扁平式、贴片式四种。

各种集成运放内部电路主要由四部分组成，如图 2-6-4 所示。

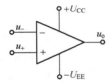

图 2-6-3　集成运放传统图形符号

图 2-6-4　集成运放组成框图

当在集成运放的输入与输出端之间接入不同的负反馈网络时，可以完成模拟信号的运算、处理、波形产生等不同功能。

2. 集成运放常用参数

集成运放的参数是衡量其性能优劣的标志，同时也是电路设计者选用集成运放的依据。集成运放的常用参数及其意义见表 2-6-2。

表 2-6-2　集成运放的常用参数及其意义

参数名称	符号	意　　义
输入失调电压	U_{io}	输出直流电压为零时，两输入端之间所加补偿电压
输入失调电流	I_{io}	当输出电压为零时，两输入端偏置电流的差值
输入偏置电流	I_{ib}	输出直流电压为零时，两输入端偏置电流的平均值
开环电压增益	A_{VD}	运放工作于线性区时，其输出电压变化 ΔU_o 与差模输入电压变化 ΔU_i 的比值
共模抑制比	K_{CMR}	运放工作于线性区时，其差模电压增益与共模电压增益的比值

参 数 名 称	符号	意 义
电源电压抑制比	K_{SVR}	运放工作于线性区时，输入失调电压随电压改变的变化率
共模输入电压范围	U_{ICR}	当共模输入电压增大到使运放的共模抑制比下降到正常情况的一半时所对应的共模电压值
最大差模输入电压	U_{IDM}	运放两输入所允许加的最大电压差
最大共模输入电压	U_{ICM}	运放的共模抑制特性显著变化时的共模输入电压
输出阻抗	Z_o	当运放工作于线性区时，在其输出端加信号电压，信号电压的变化量与对应的电流变化量之比
静态功耗	P_D	在运放的输入端无信号输入，输出端不接负载的情况下所消耗的直流功率

几种常用集成运放的电参数见表 2-6-3，其引脚图如图 2-6-5 所示。

集成运放常用引出端功能符号见表 2-6-4。

表 2-6-3　几种常用集成运放的电参数

参 数 名 称	单位	参 数 值			
		μA741	LM324N	LM358N	LM353N
电源电压	V	±22	3~30	3~30	3~30
电源消耗电流	mA	2.8	3	2	6.5
温度漂移	μV/℃	10	7	7	10
失调电压	mV	5	7	7.5	13
失调电流	nA	200	50	150	4
偏置电流	nA	500	250	500	8
输出电压	V	±10	26	26	24
单位增益带宽	MHz	1	1	1	4
开环增益	dB	86	88	88	88
转换速率	V/μs	0.5	0.3	0.3	13
共模电压范围	V	±24	32	32	22
共模抑制比	dB	70	65	70	70

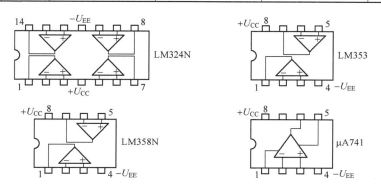

图 2-6-5　几种常用集成运放外引脚图

表 2-6-4　集成运放常用引出端功能符号

符　号	功　能	符　号	功　能
AZ	自动调零	IN_	反相输入
BI	偏置	NC	空端
BOOSTER	负载能力扩展	OA	调零
BW	带宽控制	OUT	输出
COMP	相位补偿	OSC	振荡信号
C_X	外接电容	S	选编
DR	比例分频	U_{CC}	正电源
GND	接地	U_{EE}	负电源
IN_+	同相输入		

3. 集成运放应用时注意事项

选择集成运放的依据是电子电路对集成运放的技术性能要求，掌握运放参数分类、参数含义以及规范值，是正确选用运放的基础。选用的原则是：在满足电气性能要求的前提下，尽量选用价格低的运放。

使用时不应超过运放的极限参数，还要注意调零，必要时要加输入、输出保护电路，消除自激振荡措施等，同时尽可能提高输入阻抗。

运放电源电压典型使用值是±15 V，双电源要求对称，否则会使失调电压加大，共模抑制比变差，影响电路性能。当采用单电源供电时，应参阅生产厂商的芯片手册。

2.6.3　集成稳压器

随着集成电路的发展，稳压电路也制成了集成稳压器件。由于集成稳压器具有体积小、外接线路简单、使用方便、工作可靠和通用性广等优点，因此在各种电子设备中应用十分普遍，基本上取代了由分立元件构成的稳压电路。

集成稳压器件的种类很多，应根据设备对直流电源的要求来进行选择。对于大多数电子仪器、设备和电子电路来说，通常是选用串联线性集成稳压器，而在这种类型的器件中，又以三端式稳压器应用最为广泛。目前常用的三端集成稳压器是一种固定或可调输出电压的稳压器件，并有过流和过热保护。

1. 集成稳压器的基本工作原理

稳压器由取样、基准、比较放大和调整元件几部分组成。工作过程为：取样部分把输出电压变化全部或部分取出来，送到比较放大器与基准电压相比较，并把比较误差电压放大，用来控制调整元件，使之产生相反的变化来抵消输出电压的变化，从而达到稳定输出电压的目的。

串联调整稳压器基本电路框图如图 2-6-6 所示。

当输入电压 U_1 或者负载电流 I_L 的变化引起输出电压 U_0 变化时，通过取样、误差比较放大，使调整器的等效电阻 R_S 做相应的变化，维持 U_0 稳定。

图 2-6-7 为最简单的分立元件组成的串联调整稳压器电路，显然，它的框图就是图 2-6-6 的形式。

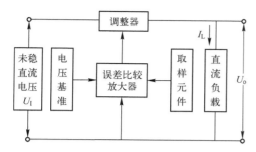

图 2-6-6 串联调整稳压器基本电路框图

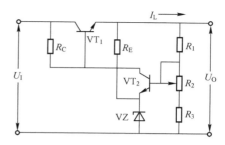

图 2-6-7 最简串联调整稳压器电路

对集成串联调整稳压器来说，除了基本的稳压电路之外，还必须有多种保护电路，通常应当有过电流保护电路、调整管安全区保护电路和芯片过热保护电路。其中，过电流保护电路在输出短路时起限电流保护作用；调整管安全区保护电路则使调整管的工作点限定在安全工作区的曲线范围内，芯片过热保护电路使芯片温度限制在最高允许温度之下。

2. 集成稳压器使用常识

（1）集成稳压器的选择

选择集成稳压器的依据是使用中的指标要求，例如：输出电压、输出电流、电压调整率、电流调整率、纹波抑制比、输出阻抗及功耗等参数。

集成三端稳压器主要有：固定式正电压 78 系列、固定式负电压 79 系列、可调式正电压集成稳压器 117/217/317 系列以及可调式负电压集成稳压器 137/237/337 系列。

表 2-6-5 为 CW78×× 系列部分电参数。

表 2-6-5　CW78×× 系列部分电参数

参 数 名 称	CW7805C			CW7812C			CW7815C		
	最小	典型	最大	最小	典型	最大	最小	典型	最大
输入电压 U_I/V		10			19			23	
输出电压 U_O/V	4.75	5.0	5.25	11.4	12.0	12.5	14.4	15.0	15.6
电压调整率 S_u/mV		3.0	100		18	240		11	300
电流调整率 S_i/mV		15	100		12	240		12	300
静态工作电流 I_D/mA		4.2	8.0		4.3	8.0		4.4	8.0
纹波抑制比 S_nip/dB	62	78		55	71		54	70	
最小输入/输出压差（$U_\mathrm{I}-U_\mathrm{O}$）/V		2.0	2.5		2.0	2.5		2.0	2.5
最大输出电流 I_omax/A		2.2			2.2			2.2	

CW79×× 系列的电参数与表 2-6-5 基本相同，只是输入、输出电压为负值。

（2）集成稳压器的封装形式

由于模拟集成电路品种目前还没有统一命名，没有标准化，因而，各个集成电路生产厂家的集成稳压器的电路代号也各不相同。固定稳压块和可调稳压块的品种型号和外形结构很多，功能引脚的定义也不同。使用时需要查阅相应厂家的器件手册。集成三端稳压器固定式和可调式常见的封装形式有：TO-3、TO-202、TO-220、TO-39 和 TO-92。

图 2-6-8 为 78 系列和 79 系列固定稳压器封装形式及引脚功能图。

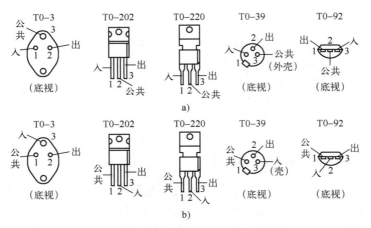

图 2-6-8　78 系列和 79 系列固定稳压器封装形式及引脚功能

a）78 系列封装引脚　　b）79 系列封装引脚

3. 集成稳压器保护电路

在大多数线性集成稳压器中，一般在芯片内部都设置了输出短路保护，调整管安全工作区保护及芯片过热保护等功能，因而在使用时无须再设这类保护。但是，在某些应用中，为确保集成稳压器可靠工作，仍要设置一些特定的保护电路。

（1）调整管的反偏保护

如图 2-6-9a 所示，当稳压器输出端接入了容量较大的电容 C 或者负载为容性时，若稳压器的输入端对地发生短路，或者当输入直流电压比输出电压跌落得更快时，由于电容 C 上的电压没有立即泄放，此时集成稳压器内部调整管的 b-e 结处于反向偏置，如果这一反偏电压超过 7V，调整管 b-e 结将会击穿损坏。电路中接入的二极管 VD 就是为保护调整管 b-e 结不致因反偏击穿而设置的。因为接入 VD 后，C 上的电荷可以通过 VD 及短路的输入端放电。

（2）集成稳压器中放大管的反偏保护

如图 2-6-9b 所示，电容 C_{adj} 是为了改善输出纹波抑制比而设置的，容量在 10 μF 以上，C_{adj} 的上端接 adj 端，此端接到集成稳压器内部一放大管的发射极，该放大管的基极接 U_O 端。如果不接入二极管 VD_2，则在稳压器的输出端对地发生短路时，由于 C_{adj} 不能立即放电而使集成稳压器内部放大管的 b-e 结处于反偏，也会引起击穿。设置二极管 VD_2 后，可以使集成稳压器内部放大管的 b-e 结得到保护。

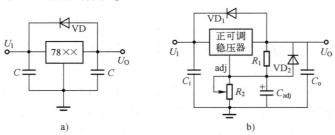

图 2-6-9　集成稳压器保护电路

a）集成稳压器中调整管的反偏保护　b）集成稳压器中放大管的反偏保护

2.6.4　集成功率放大器

1. 集成功放概述

在实用电路中，通常要求放大电路的输出级能够输出一定的功率，以驱动负载。能够向负载提供足够信号功率的电路称为功率放大电路，简称功放。集成功放广泛应用于电子设备、音响设备、通信和自动控制系统中。总之，扬声器前面必须有功放电路。一些测控系统中的控制电路部分也必须有功放电路。

集成功放的应用电路由集成功放块和一些外部阻容元件构成。

集成功放与分立元件功放相比其优点：体积小、重量轻、成本低、外接元件少、调试简单、使用方便；性能优越，如：温度稳定性好、功耗低、电源利用率高、失真小；可靠性高，有的采用了过电流、过电压、过热保护，防交流声、软启动等技术。

集成功放的主要缺点是：输出功率受限制，过载能力较分立元件的功放电路差，原因是集成功放增益较大，易产生自激振荡，其后果轻则使功放管损耗增加，重则会烧毁功放管。

2. 集成功放的类型

集成功放普遍采用 OTL 或 OCL 电路形式。集成功放品种较多，有单片集成功放组件，有集成功率驱动器外接大功率管组成的混合功率放大电路，输出功率从几十毫瓦到几百瓦。目前可制成输出功率 1000 W、电流 300 A 的厚膜音频功放电路。

根据集成功放内部构成和工作原理的不同，有 3 种常见类型：OTL（无输出变压器）功率放大电路、OCL（无输出电容）功率放大电路、BTL 功率放大电路（即桥式推挽功率放大电路），各类型电路均有各种不同输出功率和不同电压增益的集成电路。在使用 OTL 电路时应特别注意与负载电路之间要接一个大电容。

3. 集成功放的主要参数

（1）最大输出功率 P_{omax}

功放电路在输入信号为正弦波，并且输出波形不失真的状态下，负载电路可获得的最大交流功率。数值上等于在电路最大不失真状态下的输出电压有效值与输出电流有效值的乘积，即

$$P_{omax} = u_o \times i_o$$

（2）转换效率 η

电路最大输出功率与直流电源提供的直流功率之比，即

$$\eta = \frac{P_{om}}{P_E}$$

式中，P_E 为功放电路电源提供的直流功率，$P_E = I_{CC} \times U_{CC}$。

2.6.5　集成器件的测试

要对集成电路做出正确判断，首先要掌握该集成电路的用途、内部结构原理、主要电特性等，必要时还要分析内部电路原理图。此外，如果具有各引脚对地直流电压、波形、对地正反向直流电阻值，则对正确判断提供了有利条件。然后按故障现象判断其部位，再按部位查找故障元件。有时需要多种判断方法去证明该器件是否确属损坏。一般对集成电路的检查判断方法有以下两种。

1. 离线判断

离线判断即不在线判断，是指集成电路未焊入印制电路板时的判断。这种方法在没有专用仪器设备的情况下，要确定该集成电路的质量好坏是很困难的，一般情况下可用直流电阻法测量各引脚对应于接地脚间的正反向电阻值，并和完好集成电路进行比较，也可以采用替换法把可疑的集成电路插到正常设备同型号集成电路的位置上来确定其好坏。如有条件，可利用集成电路测试仪对主要参数进行定量检验，这样使用就更有保证。

2. 在线判断

在线判断是指集成电路连接在印制电路板上时的判断。在线判断是检修集成电路在电视、音响设备中最实用的方法。具体方法如下：

（1）电压测量法

主要是测出各引脚对地的直流工作电压值，然后与标称值相比较，依此来判断集成电路的好坏。用电压测量法来判断集成电路的好坏是检修中最常采用的方法之一，但要注意区别非故障性的电压误差。测量集成电路各引脚的直流工作电压时，如遇到个别引脚的电压与原理图或维修技术资料中所标电压值不符，不要急于断定集成电路已损坏，应该先排除以下几个因素后再确定。

① 所提供的标称电压是否可靠。因为有一些说明书、原理图等资料上所标的数值与实际电压有较大差别，有时甚至是错误的，此时，应多找一些有关资料进行对照，必要时分析内部原理图与外围电路再进行理论上的计算或估算来证明电压是否有误。

② 要区别所提供的标称电压的性质，判断其电压是属哪种工作状态的电压。因为集成块的个别引脚随着注入信号的不同而明显变化，所以此时可改变波段开关的位置，再观察电压是否正常。如后者为正常，则说明标称电压属某种工作电压，而这工作电压又是指在某一特定的条件下而言，即测试的工作状态不同，所测电压也不一样。

③ 要注意由于外围电路可变元件引起的引脚电压变化。当测量出的电压与标称电压不符时可能因为个别引脚或与该引脚相关的外围电路，连接的是一个阻值可变的电位器或者是开关。这些电位器和开关所处的位置不同，引脚电压会有明显不同，所以当出现某一引脚电压不符时，要考虑引脚或与该引脚相关联的电位器和开关的位置变化，可旋动或拨动开关看引脚电压能否在标称值附近。

④ 要防止由于测量造成的误差。万用表表头内阻不同或不同直流电压挡会造成误差。一般原理上所标的直流电压都是以测试仪表的内阻大于 $20\,\mathrm{k\Omega/V}$ 进行测试的。内阻小于 $20\,\mathrm{k\Omega/V}$ 的万用表进行测试时，将会使被测结果低于原来所标的电压。另外，还应注意不同电压挡上所测的电压会有差别，尤其用大量程挡，读数偏差影响更显著。

⑤ 当测得某一引脚电压与正常值不符时，应根据该引脚电压对集成电路正常工作有无重要影响以及其他引脚电压的相应变化进行分析，才能判断集成电路的好坏。

⑥ 若集成电路各引脚电压正常，则一般认为集成电路正常；若集成电路部分引脚电压异常，则应从偏离正常值最大处入手，检查外围元件有无故障，若无故障，则集成电路很可能损坏。

⑦ 对于动态接收装置，如电视机，在有无信号时，集成电路各引脚电压是不同的。如发现引脚电压不该变化的反而变化大，应该随信号大小和可调元件不同位置而变化的反而不变化，就可确定集成电路损坏。

⑧ 对于多种工作方式的装置，在不同工作方式下，集成电路各引脚电压是不同的。

以上几点就是在集成块没有故障的情况下，由于某种原因而使所测结果与标称值不同，所以总的来说，在进行集成块直流电压或直流电阻测试时要规定一个测试条件，尤其是要作为实测经验数据记录时更要注意这一点。

（2）在线直流电阻普测法

这一方法是在发现引脚电压异常后，通过测试集成电路的外围元器件好坏来判定集成电路是否损坏。由于是断电情况下测定阻值，所以比较安全，并可以在没有资料和数据而且不必要了解其工作原理的情况下，对集成电路的外围电路进行在线检查，在相关的外围电路中，以快速的方法对外围元器件进行一次测量，以确定是否存在较明显的故障。具体操作是选用万用表分别测量二极管和晶体管的 PN 结导通电压，可以初步判断 PN 结好坏，进而可初步判明二极管或晶体管好坏。其次可对电感是否开路进行普测，正常时电感两端阻值较大，那么即可断定电感开路。继而根据外围电路元件参数的不同，采用不同的欧姆挡位测量电容和电阻，检查是否有较为明显的短路和开路性故障，从而排除由于外围电路引起个别引脚的电压变化。

（3）电流流向跟踪电压测量法

此方法是根据集成块内部电路图和外围元件所构成的电路，并参考供电电压，即主要测试点的已知电压进行各点电位的计算或估算，然后对照所测电压是否符合，来判断集成块的好坏，本方法必须具备完整的集成块内部电路图和外围电路原理图。

2.7　电声器件

电声器件（Electroacoustic Device）指电和声相互转换的器件，它是利用电磁感应、静电感应或压电效应等来完成电声转换的，包括扬声器、耳机、传声器、唱头等。

2.7.1　扬声器

扬声器俗称喇叭，是一种把电信号转变为声信号的换能器件，如图 2-7-1 所示。扬声器的性能优劣对音质的影响很大。

1. 种类

扬声器按照不同特点，可以有很多不同种类。

按其换能原理可分为电动式（动圈式）、静电式（电容式）、电磁式（舌簧式）、压电式（晶体式）等几种，后两种多用于农村有线广播网中；按频率范围可分为低频扬声器、中频扬声器、高频扬声器，这些常在音箱中作为组合扬声器使用。

图 2-7-1　扬声器

按声辐射材料可分为纸盆式、号筒式、膜片式；按纸盆形状可分为圆形、椭圆形、双纸盆和橡皮折环；按工作频率可分为低音、中音、高音，有的还分成录音机专用、电视机专用、普通和高保真扬声器等；按音圈阻抗可分为低阻抗和高阻抗；按效果可分为直辐和环境声等。

扬声器又可分为内置扬声器和外置扬声器，外置扬声器即一般所指的音箱。内置扬声器是指播放器具有内置的扬声器，不仅可以通过耳机插孔还可以通过内置扬声器来收听播放器发出的声音。具有内置扬声器的播放器，可以不用外接音箱，也可以避免了长时间佩戴耳机所带来的不便。

2. 基本特征

扬声器有两个接线柱（两根引线），当单只扬声器使用时两根引脚不分正负极性，多只扬声器同时使用时两个引脚有极性之分。

扬声器的外形有圆形、方形和椭圆形等几大类。扬声器有一个纸盆，它的颜色通常为黑色，也有白色。扬声器纸盆背面是磁铁，外磁式扬声器用金属螺钉旋具去接触磁铁时会感觉到磁性的存在；内磁式扬声器中没有这种感觉，但是外壳内部确有磁铁。扬声器装在机器面板上或音箱内。

2.7.2 耳机

耳机（Earphones）是一对转换单元，接收媒体播放器或接收器所发出的电信号，利用贴近耳朵的扬声器将其转化成可以听到的音波。耳机与媒体播放器一般是可分离的，利用一个插头连接。用耳机的好处是在不影响旁人的情况下，可独自聆听音响；亦可隔开周围环境的声响，对在录音室、酒吧、旅途、运动等噪杂环境下使用的人很有帮助。随着可携式电子装置的盛行，耳机广泛应用于手机、随身听、收音机、可携式电玩和数位音讯播放器等。

1. 分类

耳机是根据其驱动器（换能器）的类型和它的佩带方式分类的。

根据驱动器的类型，耳机可分为动圈式、动铁式、圈铁混合式、等磁式和静电式等。目前使用最为广泛的是动圈式耳机和动铁式耳机，如图 2-7-2 所示。

图 2-7-2　动圈式耳机和动铁式耳机

动圈式耳机是最普通、最常见的耳机。它的驱动单元基本上就是一只小型的动圈扬声器，由处于永磁场中的音圈驱动与之相连的振膜振动。动圈式耳机效率比较高，大多可为音响上的耳机输出驱动，且可靠耐用。通常而言，驱动单元的直径越大，耳机的性能越出色，目前在消费级耳机中驱动单元最大直径为 70 mm，一般为旗舰级耳罩式耳机。

动铁式耳机是通过一个结构精密的连接棒传导到一个微型振膜的中心点，从而产生振动并发声的耳机。动铁式耳机由于单元体积小，所以可以轻易地放入耳道。这样的做法有效地降低了入耳部分的面积，可以放入更深的耳道部分。耳道的几何结构要比耳郭简单得多，一个质地柔软的硅胶套相对传统耳塞已经能起到良好的隔音及防漏音效果。

根据佩戴的情况，耳机可以分为蓝牙式和佩戴式，如图 2-7-3 所示。

图 2-7-3　蓝牙式耳机和佩戴式耳机

2. 品质衡量因素

耳机的选用需要考虑音质、舒适度、耐用性和灵敏度、阻抗等参数。其中音质、舒适度、耐用性部分取决于个人主观感觉，阻抗、灵敏度等是客观印象因素。

谐波失真就是一种波形失真，在耳机指标中有标示，失真越小，音质也就越好。

灵敏度是指向耳机输入 1 mW 的功率时耳机所能发出的声压级［声压的单位是分贝（dB），声压越大，音量越大］，所以一般灵敏度越高、阻抗越小，耳机越容易出声、越容易驱动。

频响范围是指耳机能够放送出的频带的宽度，优秀的耳机频响宽度可达 5～40000 Hz，而人耳的听觉范围仅在 20～20000 Hz。

2.8　接插件和开关

电源通过导线进入电路，一般都会使用插座、插头等接插件实现与电路板的连接。另外，电路系统往往还需要开关进行通/断的控制。这些接插件和开关都属于机械电子器件。

2.8.1　接插件

接插件又称连接器或插头插座。信号输入或传出电路系统、电源的传输、电路板与设备之间的灵活连接都由接插件实现。

2.8.2　开关

开关是一种控制电流是否通过的器件，是电工电子设备中用来接通、断开和转换电路的电子元器件。开关的种类非常多，有按钮开关、钮子开关、船型开关、键盘开关、拨动开关等，如图 2-8-1 所示。

图 2-8-1　各种开关

2.9　传感器

　　传感器是一种能把物理量或化学量转变成便于利用的电信号的器件。国际电工委员会的定义为："传感器是测量系统中的一种前置部件，它将输入变量转换成可供测量的信号"。按照 Gopel 等的说法是："传感器是包括承载体和电路连接的敏感元件"，而"传感器系统则是组合有某种信息处理（模拟或数字）能力的系统"。传感器是传感系统的一个组成部分，它是被测量信号输入的第一道关口。

　　新技术革命到来，世界开始进入信息时代。在利用信息的过程中，首先要解决的问题就是如何获取准确可靠的信息，而传感器是获取自然和生产领域中信息的主要途径与手段。

　　在现代工业生产尤其是自动化生产过程中，要用各种传感器来监视和控制生产过程中的各个参数，使设备工作在正常状态或最佳状态，并使产品达到最好的质量。因此可以说，没有众多优良的传感器，现代化生产也就失去了基础。

　　在基础学科研究中，传感器具有更加突出的地位。现代科学技术的发展，进入了许多新领域：例如在宏观上要观察上千光年的茫茫宇宙，微观上要观察粒子世界，纵向上要观察长达数十万年的天体演化，短到要观察瞬间反应。此外，还出现了对深化物质认识、开拓新能源、新材料等具有重要作用的各种极端技术研究，如超高温、超低温、超高压、超高真空、超强磁场、超弱磁场等。显然，要获取大量人类感官无法直接获取的信息，没有相适应的传感器是不可能的。许多基础科学研究的障碍，首先就在于对象信息的获取存在困难，而一些新机理和高灵敏度的检测传感器的出现，往往会促进该领域内的突破。一些传感器的发展，往往是一些边缘学科开发的先驱。

　　传感器技术在发展经济、推动社会进步方面发挥了十分重要的作用。传感器早已渗透到诸如工业生产、宇宙开发、海洋探测、环境保护、资源调查、医学诊断、生物工程，甚至文物保护等极其广泛的领域。可以毫不夸张地说，从茫茫的太空到浩瀚的海洋，以至各种复杂的工程系统，几乎每一个现代化项目，都离不开各种各样的传感器。

　　传感器按照功能可以分为测距传感器、灰度传感器、颜色传感器、视觉传感器、惯性测量传感器等。

2.9.1　测距传感器

　　在自动化设备运动和作业过程中，通常需要测量与目标物或背景物的距离。距离传感器可用于自动化设备导航和回避障碍物，也可用于自动化设备空间内的物体进行定位及确定其一般形状特征。最常用的有超声波传感器、激光传感器和红外传感器，如图 2-9-1 所示。

图 2-9-1　超声波传感器、激光传感器、红外传感器

2.9.2　灰度传感器

灰度传感器是利用不同颜色的检测面对光的反射程度不同来进行灰度检测，光敏电阻则是根据检测面返回的光的不同，阻值也不同的原理进行颜色深浅检测，如图 2-9-2 所示。它输出的是连续的模拟信号，因而能很容易地通过 A/D 转换器或简单的比较器实现对物体反射率的判断，是一种实用的机器人巡线传感器。

图 2-9-2　灰度传感器

2.9.3　颜色传感器

颜色传感器是一种传感装置，它将物体的表面颜色转换成相应的电压或频率输出，并与预先定义好的参考颜色进行比较，当两者在一定的误差范围内相吻合时，输出颜色检测结果，如图 2-9-3 所示。

图 2-9-3　颜色传感器

2.9.4　视觉传感器

视觉传感器是利用光学元件和成像装置获取外部环境图像信息的装置，是组成摄像头的

重要组成部分，如图 2-9-4 所示。由于图像包含的信息量较大，视觉传感器在目标检测、定位和识别中有着重要的作用。

图 2-9-4　视觉传感器

2.9.5　惯性测量传感器

惯性测量传感器主要是检测和测量加速度、倾斜、冲击、振动、旋转和多自由度运动，包括加速度传感器、角速度传感器以及磁传感器等，是解决导航、定向和运动载体控制的重要部件。惯性测量传感器如图 2-9-5 所示。

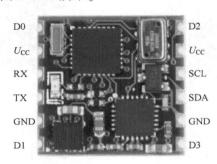

图 2-9-5　惯性测量传感器

2.10　单片机

电工电子技术正在向自动化、智能化发展，典型的应用有智能家电、智能家居和智能机器人等。智能器件的核心是单片机、FPGA 等。

2.10.1　单片机概述

单片机是一种广泛应用的微处理器。单片机种类繁多、价格低、功能强大，同时扩展性也强，它包含了计算机的三大组成部分：CPU、存储器和 I/O 接口。由于它是在一个芯片上，形成芯片级的微型计算机，故称为单片微型计算机（Single Chip Microcomputer），简称单片机，如图 2-10-1 所示。

单片机系统结构均采用冯·诺依曼提出的"存储程序"思想，即程序和数据都被存放在内存中的工作方式，用二进制代替十进制进行运算和存储程序。人们将计算机要处理的数据和运算方法、步骤，事先按计算机要执行的操作命令和有关原始数据编制成程序（二进

图 2-10-1　常见的单片机

制代码），存放在计算机内部的存储器中，计算机在运行时能够自动地、连续地从存储器中取出并执行，无须人工加以干预。

1. 单片机的组成

单片机是中央处理器，将运算器和控制器集成在一个芯片上。它主要由以下几个部分组成：运算器（实现算术运算或逻辑运算），包括算术逻辑单元 ALU、累加器 A、暂存寄存器 TR、标志寄存器 F 或 PSW、通用寄存器 GR；控制器（中枢部件），控制计算机中的各个部件工作，包括指令寄存器 IR、指令译码器 ID、程序计数器 PC、定时与控制电路；存储器（记忆，由存储单元组成），包括 ROM、RAM；总线 BUS（在微型计算机各个芯片之间或芯片内部之间传输信息的一组公共通信线），包括数据总线 DB（双向，宽度决定了微机的位数）、地址总线 AB（单向，决定 CPU 的寻址范围）、控制总线 CB（单向）；I/O 接口（数据输入输出），包括输入接口、输出接口，如图 2-10-2 所示。

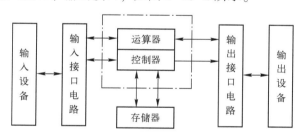

图 2-10-2　单片机的组成

单片机能够一次处理的数据的宽度有：1 位、4 位、8 位、16 位、32 位。典型的 8 位单片机是 MCS-51 系列；16 位单片机是 AVR 系列；32 位单片机是 ARM 系列。

2. 单片机主要技术指标

字长：CPU 能并行处理二进制的数据位数有 8 位、16 位、32 位和 64 位。内存容量：存储单元能容纳的二进制数的位数。容量单位：1 KB、8 KB、64 KB、1 MB、16 MB、64 MB。运算速度：CPU 处理速度。时钟频率、主频、每秒运算次数：有 6 MHz、12 MHz、24 MHz、100 MHz、300 MHz。内存存取时间：内存读写速度，有 50 ns、70 ns、200 ns。

3. 单片机开发环境

单片机在使用的时候，除了硬件开发平台外，还需要一个友好的软件编程环境。在单片机程序开发中，Keil 系列软件是最为经典的单片机软件集成开发环境，同时使用的编程语言比较普遍的是 C 语言，MCS-51 系列单片机和 STM32 单片机均使用 Keil 集成开发环境。

基于单片机编程实际上就是基于硬件的编程，在使用过程中，一定要注意单片机的性质、相关的外设电路与单片机接口的连接关系，始终做到软件要配合硬件，软硬件结合使用，在编程前先对外设使用的输入/输出口或者其他功能进行电气定义或者初始化操作。

2.10.2 认识MCS-51系列单片机

MCS-51系列是经典的8位处理器，如80MCS-51、87MCS-51和8031均采用40引脚双列直插封装（DIP）方式。对于不同MCS-51系列单片机来说，不同的单片机型号，不同的封装具有不同的引脚结构，但是MCS-51单片机系统只有一个时钟系统。因受到引脚数目的限制，有不少引脚具有第二功能。80MCS-51单片机引脚排列如图2-10-3所示。

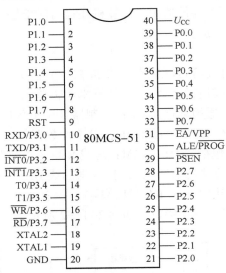

图2-10-3　单片机的引脚排列

1. 单片机的引脚

MCS-51单片机40引脚，可分为端口线、电源线和控制线三类。

（1）端口线（4×8＝32条）

P0.0~P0.7：共有8个引脚，为P0口专用。P0.0为最低位，P0.7为最高位。第一功能（不带片外存储器）：作通用I/O口使用，传送CPU的输入/输出数据。第二功能（带片外存储器）：访问片外存储器时，先传送低8位地址，然后传送CPU对片外存储器的读/写数据。

P1.0~P1.7：8个引脚与P0口类似。P1.0为最低位，P1.7为最高位。第一功能：与P0口的第一功能相同，也用于传送用户的输入/输出数据。第二功能：对52子系列而言，第二功能为定时器输入。

P2.0~P2.7：带内部上拉的双向I/O口。第一功能：与P0口的第一功能相同，作通用I/O。第二功能：与P0口的第二功能相配合，用于输出片外存储器的高8位地址，共同选中片外存储器单元。

P3.0~P3.7：带内部上拉的双向I/O口。第一功能：与P0口的第一功能相同，作通用I/O口。第二功能：为控制功能，每个引脚并不完全相同。

（2）电源线（2条）

U_{CC}为+5 V电源线，GND接地。

（3）控制线（6条）

功能：ALE/$\overline{\text{PROG}}$ 与 P0 口引脚的第二功能配合使用；P0 口作为地址/数据复用口，用 ALE 来判别 P0 口的信息。$\overline{\text{EA}}$/VPP 引脚接高电平时：先访问片内 EPROM/ROM，执行内部程序存储器中的指令。但在程序计数器计数超过 0FFF$_{(H)}$ 时（即地址大于 4 KB 时），执行片外程序存储器内的程序。$\overline{\text{EA}}$/VPP 引脚接低电平时：只访问外部程序存储器，而不管片内是否有程序存储器。

RST 是复位信号，功能是使单片机复位/备用电源引脚。RST 是复位信号输入端，高电平有效。时钟电路工作后，在此引脚上连续出现两个机器周期的高电平（24 个时钟振荡周期），就可以完成复位操作。

XTAL1 和 XTAL2 是片内振荡电路输入线。这两个端子用来外接石英晶体和微调电容，即用来连接 80MCS-51 片内的定时反馈回路。

2. 单片机最小系统

单片机最小系统是单片机正常工作的最小硬件要求，包括供电电路、时钟电路、复位电路，如图 2-10-4 所示。

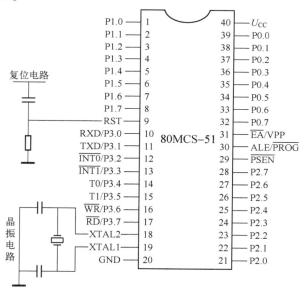

图 2-10-4　单片机的最小应用系统

判断单片机芯片及时钟系统是否正常工作有一个简单的办法，就是用万用表测量单片机晶振引脚（18 脚、19 脚）的对地电压，以正常工作的单片机用数字万用表测量为例：18 脚对地约 2.24 V，19 脚对地约 2.09 V。对于怀疑是复位电路故障而不能正常工作的单片机也可以采用模拟复位的方法来判断，单片机正常工作时第 9 脚对地电压为零，可以用导线短时间和+5 V 连接一下，模拟一下上电复位，如果单片机能正常工作了，说明这个复位电路有问题。

3. 单片机的内部结构

单片机由 5 个基本部分组成，包括中央处理器 CPU、存储器、输入/输出口、定时/计数器、中断系统等，如图 2-10-5 所示。

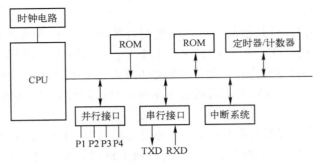

图 2-10-5　单片机的内部结构

（1）单片机 CPU 内部结构

MCS-51 单片机内部有一个 8 位的 CPU，包含运算器、控制器及若干寄存器等。

（2）单片机的存储器

存储器是用来存放程序和数据的部件，MCS-51 单片机芯片内部存储器包括程序存储器和数据存储器两大类。程序存储器（ROM）一般用来存放固定程序和数据，特点是程序写入后能长期保存，不会因断电而丢失，80MCS-51 系列单片机内部有 4 KB 的程序存储空间，可以通过外部扩展到 64 KB。数据存储器（RAM）主要用于存放各种数据。它的优点是可以随机读入或读出，读写速度快，读写方便；缺点是电源断电后，存储的信息丢失。

（3）单片机的并行 I/O

① P0 口。

P0 口的口线逻辑电路如图 2-10-6 所示。

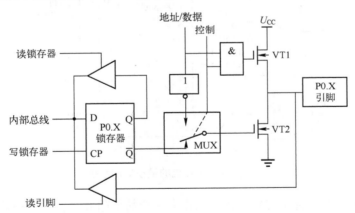

图 2-10-6　P0 口的口线逻辑电路图

② P1 口。

P1 口的口线逻辑电路如图 2-10-7 所示。

③ P2 口。

P2 口的口线逻辑电路如图 2-10-8 所示。

④ P3 口。

P3 口的口线逻辑电路如图 2-10-9 所示。

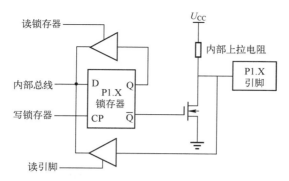

图 2-10-7 P1 口的口线逻辑电路图

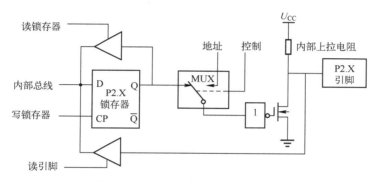

图 2-10-8 P2 口的口线逻辑电路图

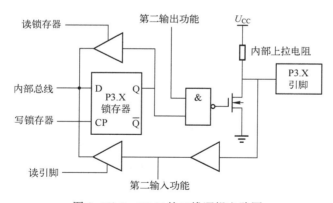

图 2-10-9 P3 口的口线逻辑电路图

4. 单片机的时钟和时序

（1）时钟电路

单片机时钟电路通常有两种形式：内部振荡方式和外部振荡方式。MCS-51 单片机片内有一个用于构成振荡器的高增益反相放大器，引脚 XTAL1 和 XTAL2 分别是此放大器的输入端和输出端。把放大器与晶体振荡器连接，就构成了内部自激振荡器并产生振荡时钟脉冲。外部振荡方式就是把外部已有的时钟信号直接连接到 XTAL1 端引入单片机内，XTAL2 端悬空不用。

（2）时序

振荡周期：为单片机提供时钟信号的振荡源的周期。时钟周期：是振荡源信号经二分频后形成的时钟脉冲信号。因此时钟周期是振荡周期的 2 倍，即一个 S 周期，被分成两个节拍 P_1、P_2。指令周期：CPU 执行一条指令所需要的时间（用机器周期表示）。各时序之间的关系如图 2-10-10 所示。

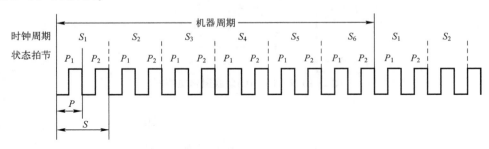

图 2-10-10　各时序之间的关系

2.10.3　认识 STM32 单片机

STM32 系列单片机是典型的 32 位单片机，其功能在 MCS-51 系列单片机基础上，增加了很多附加功能。它的组成、引脚、基本功能等与其他单片机类似，但是它的系统架构和时钟源比 MCS-51 单片机强大很多，用法也相对复杂很多，具体用法将在下面几节介绍。下面主要以系统架构和时钟源这两个区别于其他单片机的角度讲解 STM32 单片机。

1. 系统架构

STM32 的系统架构比 MCS-51 单片机就要强大很多。STM32 系统架构的知识在《STM32 中文参考手册》有讲解，具体内容可以查看中文手册。如果需要详细深入地了解 STM32 的系统架构，还需要在网上搜索其他资料学习。我们这里所讲的 STM32 系统架构主要针对 STM32F103 这些非互联型芯片。首先我们看看 STM32 的系统架构，如图 2-10-11 所示。

STM32 主系统主要由 4 个驱动单元和 4 个被动单元构成。四个驱动单元是：内核 DCode 总线、系统总线、通用 DMA1、通用 DMA2；四个被动单元是：AHB 到 APB 的桥（它连接所有的 APB 设备）、内部 FlASH 闪存、内部 SRAM、FSMC。

下面具体讲解一下图中几个总线的知识。ICode 总线：该总线将 Cortex-M3 内核指令总线和闪存指令接口相连，指令的预取在该总线上面完成；DCode 总线：该总线将 Cortex-M3 内核的 DCode 总线与闪存存储器的数据接口相连接，常量加载和调试访问在该总线上面完成；系统总线：该总线连接 Cortex-M3 内核的系统总线到总线矩阵，总线矩阵协调内核和 DMA 间访问；DMA 总线：该总线将 DMA 的 AHB 主控接口与总线矩阵相连，总线矩阵协调 CPU 的 DCode 和 DMA 到 SRAM，闪存和外设的访问；总线矩阵：总线矩阵协调 System 内核系统总线和 DMA 主控总线之间的访问仲裁，仲裁利用轮换算法；AHB/APB 桥：这两个桥在 AHB 和两个 APB 总线间提供同步连接，APB1 操作速度限于 36 MHz，APB2 操作速度为全速。系统结构如图 2-10-11 所示。

2. STM32 时钟系统

众所周知，时钟系统是 CPU 的脉搏，就像人的心跳一样。所以时钟系统的重要性就不言而喻了。STM32 的时钟系统比较复杂，不像简单的 MCS-51 单片机一个系统时钟就可以

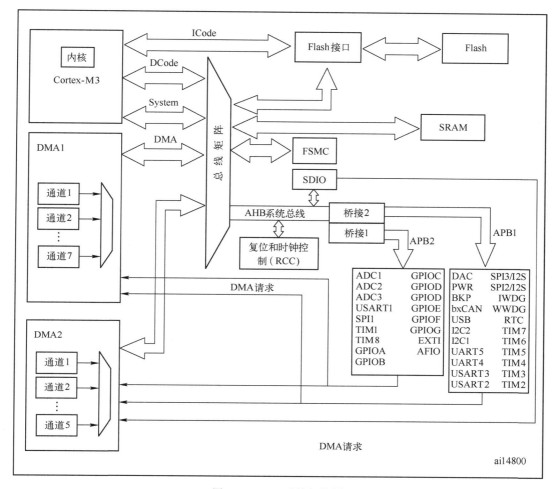

图 2-10-11　系统架构图

解决一切。肯定有人会问，采用一个系统时钟不是挺简单吗？为什么 STM32 要有很多个时钟源呢？这是因为 STM32 本身非常复杂，外设非常多，但是并不是所有外设都需要有系统时钟那么高的频率，比如看门狗等，通常只需要几十 kHz 的时钟即可。同一个电路，时钟越快，功耗越大，同时抗电磁干扰的能力也会越弱，所以对于复杂的 MCU 通常都是采取多个时钟源的方法来解决类似的问题。

在 STM32 中，有 5 个时钟源，分别为 HSI、LSI、HSE、LSE、PLL，如图 2-10-12 所示。按时钟频率来分可以分为高速时钟源和低速时钟源，在这 5 个时钟源中 HIS、HSE 以及 PLL 是高速时钟，LSI 和 LSE 是低速时钟。按来源可分为外部时钟源和内部时钟源，外部时钟源就是从外部通过接晶振的方式获取时钟源，其中 HSE 和 LSE 是外部时钟源，其他的是内部时钟源。下面我们看看 STM32 的 5 个时钟源：

① HSI 是高速内部时钟，为 RC 振荡器，频率为 8 MHz。

② HSE 是高速外部时钟，可接石英/陶瓷谐振器，或者接外部时钟源，频率范围为 4~16 MHz。本书开发板接的是 8 MHz 的晶振。

③ LSI 是低速内部时钟，为 RC 振荡器，频率为 40 kHz。独立看门狗的时钟源只能是

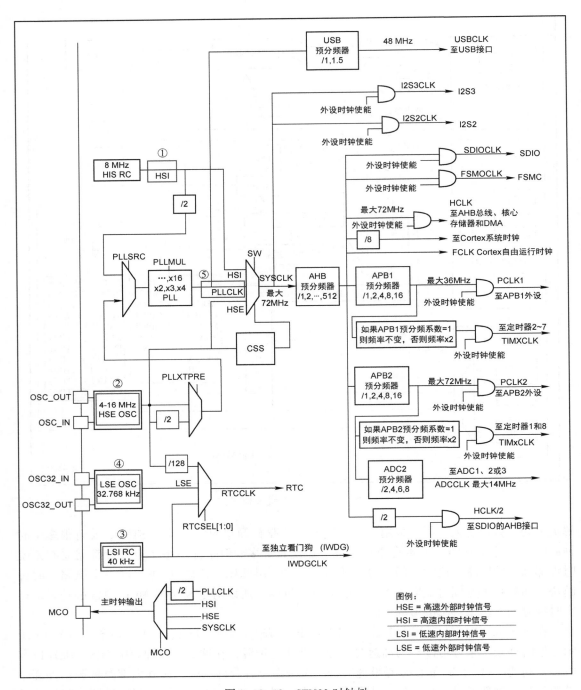

图 2-10-12　STM32 时钟树

LSI，同时 LSI 还可以作为 RTC 的时钟源。

　　④ LSE 是低速外部时钟，接频率为 32.768 kHz 的石英晶体。这个主要是 RTC 的时钟源。

　　⑤ PLL 为锁相环倍频输出，其时钟输入源可选择为 HSI/2、HSE 或者 HSE/2。倍频可选择为 2~16 倍，但是其输出频率最大不得超过 72 MHz。

第3章　电工电子常用工具及仪表

电工工具与电工电子仪表是电气安装与维修工作的"法宝"，正确使用这些工具和仪表是提高工作效率、保证施工质量的重要条件。因此，了解电工工具、仪表的结构及性能，掌握其使用方法，对电工操作人员来说十分重要。电工工具与电工仪表的种类很多，本章仅对常用的几种进行介绍。

3.1　常用电工工具

3.1.1　螺钉旋具

螺钉旋具俗称起子、螺丝刀等，其头部形状有一字形和十字形两种，如图3-1-1所示。一字形螺钉旋具用来紧固或拆卸带一字槽的螺钉；十字形螺钉旋具专用于紧固或拆卸带十字槽的螺钉。电工常用的十字形螺钉旋具有四种规格：Ⅰ号适用的螺钉直径为 2~2.5 mm；Ⅱ号为 3~5 mm；Ⅲ号为 6~8 mm；Ⅳ号为 10~12 mm。

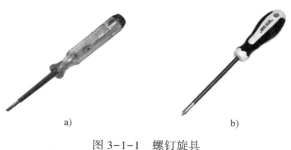

a)　　　　　　　　　　　　　　　　b)

图 3-1-1　螺钉旋具
a）一字形　b）十字形

使用螺钉旋具时应注意以下几点：不得使用金属杆直通柄顶的螺钉旋具进行电工操作，否则易造成触电事故；为避免螺钉旋具的金属杆触及皮肤或邻近带电体，应在金属杆上套绝缘管；螺钉旋具头部厚度应与螺钉尾部槽形相配合，斜度不宜太大，头部不应该有倒角，否则容易打滑；使用时应将头部顶牢螺钉槽口，防止打滑而损坏槽口；不用小号螺钉旋具拧旋大螺钉，否则不易旋紧，或将螺钉尾槽拧豁，或损坏螺钉旋具头部。反之，也不能用大号螺钉旋具拧旋小螺钉，防止因力矩过大而导致小螺钉滑扣。

3.1.2　电工刀

电工刀是一种切削工具，适用于装配维修工作中割削导线绝缘外皮，以及割削木桩和割断绳索等操作，如图3-1-2所示。电工刀有普通型和多用型两种，按刀片尺寸可分为大号

（112 mm）和小号（88 mm）两种。多用型电工刀除了刀片外，还有可收式的锯片、锥针和螺钉旋具等。

图 3-1-2　常用的电工刀

使用时切勿用力过大，以免不慎划伤手指和其他器具；刀口应朝外操作；电工刀的手柄一般不绝缘，严禁用电工刀进行带电操作。

3.1.3　剥线钳

剥线钳外形如图 3-1-3 所示，适用于剥削截面积 6 mm² 以下绝缘导线的塑料或橡胶绝缘层，由钳头和手柄两部分组成。钳头部分由压线口和切口组成：尺寸为 0.5～3 mm 的多个直径切口，用于不同规格线芯的剥削。

图 3-1-3　剥线钳

使用时，切口大小必须与导线芯线直径相匹配，过大则难以剥离绝缘层，过小则会损伤或切断芯线。

3.1.4　钳子

钳子分为钢丝钳、尖嘴钳和斜口钳，它们都可以用来剪断金属或者导线，但是适用范围不同。

1. 钢丝钳

钢丝钳，俗称老虎钳，由钳头和钳柄两部分组成，如图 3-1-4 所示。钢丝钳可以用来弯绞或钳夹导线线头、固紧或起松螺母。钢丝钳刀口用来剪切导线或者剖切软导线绝缘层；侧口用于铡切导线线芯和钢丝、铅丝或较硬金属。电工用钢丝钳的手柄必须绝缘。一般钢丝钳的绝缘护套耐压为 500 V，只适用于在低压带电设备上使用。

图 3-1-4　钢丝钳

使用钢丝钳时应注意以下几点：使用前，应检查绝缘把柄的绝缘性能是否完好，以防带电作业时发生触电事件；用来剪切带电导线时，不得用刀口同时剪切相线和中性线，以防短路；带电操作时，手与钢丝钳的金属部分要保持 2 cm 以上的距离；根据不同用途，选用不同规格的钢丝钳。

2. 尖嘴钳

尖嘴钳的头部细而长，且有细齿，如图3-1-5所示。它能在狭小的工作空间带电操作，夹捏小零件，也可弯圈。带刃口的尖嘴钳可剪切细小的铜、铝线。电工维修时，应选用带有耐压塑料套管绝缘手柄、耐压在500 V以上的尖嘴钳。

使用尖嘴钳时应注意以下几点：不可使用绝缘手柄已损坏的尖嘴钳切断带电导线；操作时，手离金属部分的距离应不小于2 cm，以保证人身安全；因钳头部分尖细，又经过热处理，故钳夹物不可太大，用力切勿过猛，以防损坏钳头。

3. 斜口钳

斜口钳又称断线钳，其头部扁斜，有圆弧形的钳头和上翘的刃口，耐压等级为1000 V，如图3-1-6所示。斜口钳专供剪断较粗的金属丝、线材及电线电缆等。

图3-1-5 尖嘴钳 　　　　　　图3-1-6 斜口钳

3.1.5 活扳手

活扳手的扳口可在规格范围内任意调整大小，用于旋动螺杆螺母，如图3-1-7所示。

活扳手规格较多，电工常用的有150 mm×19 mm、200 mm×24 mm、250 mm×30 mm等几种，前一个数表示体长，后一个数表示扳口宽度。扳动较大的螺杆螺母时，所用力矩较大，手应握在手柄尾部。扳动较小的螺杆螺母时，为防止扳口处打滑，手可握在接近头部的位置，且用拇指调节和稳定螺杆，使用活扳手旋动螺杆螺母时，必须把工件的两侧平面夹牢，以免损坏螺杆螺母的棱角。使用活扳手时不能反方向用力，否则容易扳裂活扳唇；不准用钢管套在手柄上作为加力杆使用，不准用作撬棍撬重物；不准把活扳手当手锤，否则将会对活扳手造成损坏。

图3-1-7 活扳手

3.1.6 验电笔

验电笔又称试电笔，有低压和高压之分。常用的低压验电笔是检验导线、电器和电气设备是否带电的常用工具，检测范围为60~500 V，有钢笔式、螺钉旋具式和组合式等多种。低压验电笔由工作触头（笔尖）、降压电阻、氖泡、弹簧等部件组成，如图3-1-8所示。

图3-1-8 低压验电笔

使用低压验电笔时应注意以下几点：使用时，先检查里面的部件是否齐全、有无安全电阻，再直观检查验电笔是否损坏，检查合格后才可使用；使用验电笔测量电气设备是否带电之前，先在已知电源部位检查一下氖泡是否能正常发光，如果正常发光，则可开始使用；多数验电笔前面的金属探头被制成一物两用的小螺钉旋具形状，使用时，如把验电笔当作螺钉旋具使用，用力要轻，扭矩不可过大，以防损坏；使用完毕后，要保持验电笔清洁，放置在干燥、防潮、防摔碰的地方。

3.2 常用电工仪表

电是看不见、摸不着的，只能通过它对物体的影响来推断它的存在，可以使用各种仪表对各种电气属性进行测量，如电压、电流、功率等，让不可见的"电"可见。常用的电工仪表有万用表、电流表、电压表、钳形电流表、绝缘电阻表、功率表、电度表、转速表等多种，由于新型的数字式万用表和钳形电流表能够包含电压表和电流表功能，所以本节不单独讲解电压表和电流表相关内容。本节主要对万用表、绝缘电阻表、钳形电流表等的测量原理及使用方法进行分析和介绍。

3.2.1 数字万用表

万用表又称三用表，是一种测量多种电量、多量程便携式复用电工测量仪器。一般的万用表以测量电阻、交直流电流、交直流电压为主。有的万用表还可用来测量音频电平、电容量、电感量和晶体管的 β 值等。由于万用表结构简单、使用范围广、便于携带，因此它是维修仪器和调试电路的重要工具，是一种最常用的测量仪表。

万用表的种类很多，按其读数方式可分为模拟式万用表和数字式万用表两类。模拟式万用表是通过指针在表盘上摆动的大小来指示被测量的数值，因此也称其为机械指针式万用表。数字万用表是采用集成电路模/数转换器和液晶显示器，将被测量的数值直接以数字形式显示出来的一种电子测量仪表。下面介绍 UT39 型数字式万用表。

UT39 型数字万用表是一种操作方便、读数准确、功能齐全、体积小巧、携带方便、用电池作电源的手持袖珍式大屏幕液晶显示三位半数字万用表，对应的数字显示最大值为1999。本仪表可用来测量直流电压/电流；交流电压/电流、电阻、二极管正向压降、晶体管 h_{FE} 参数、电容容量、信号频率、温度及电路通断等。

1. 面板操作键及作用

UT39 型数字万用表面板如图 3-2-1 所示。

2. 使用方法

（1）直流电压测量

① 将黑色表笔插入"COM"公共输入插孔，红色表笔插入"VΩ"插孔。

② 将功能开关置于"$\overline{\overline{V}}$"量程范围，并将表笔并接在被测负载或信号源上。在显示电压读数时，同时会指示出红表笔的极性。

注意：

① 在测量之前未知被测电压的范围时，应将功能开关置于高量程挡后逐步降低。

② 仅在最高位显示"1"时，说明已超过量程，须调高一挡。

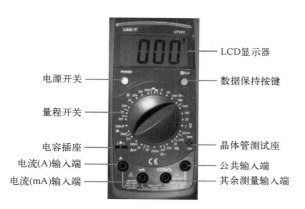

图 3-2-1　UT39 型数字万用表面板

③ 不要测量高于 1000 V 的电压，虽然有可能读得读数，但可能会损坏内部电路。

④ 特别注意在测量高电压时，避免人体接触到高电压电路。

（2）交流电压测量

① 将黑表笔插入"COM"插孔，红表笔插入"VΩ"插孔。

② 将功能开关置于"V～"量程范围，并将表笔并接在被测量负载或信号源上。

注意：

① 同直流电压测试注意事项①、②、④。

② 不要测量高于 750 V 有效值的电压，虽然有可能读得读数，但可能会损坏万用表内部电路。

（3）直流电流测量

① 将黑表笔插入"COM"插孔。当被测电流在 200 mA 以下时红表笔插"mA"插孔；如被测电流大于 200 mA，则将红表笔移至"A"插孔。

② 功能开关置于"A═"量程范围，表笔串入被测电路中。红表笔的极性将在显示数字的同时指示出来。

注意：

① 如果被测电流范围未知，应将功能开关置于高挡后逐步降低。

② 仅最高位显示"1"说明已超过量程，须调高量程挡级。

③ "mA"插孔输入时，过载会将内装熔体熔断，须予以更换熔体，规格应为 0.3 A（外形 φ5 mm×20 mm）

④ "A"插孔没有用熔体，测量时间应小于 15 s。

（4）交流电流测量

测试方法和注意事项同直流电流测量。

（5）电阻测量

① 将黑表笔插入"COM"插孔，红表笔插入"VΩ"插孔（注意：红表笔极性为"+"）。

② 将功能开关置于所需"Ω"量程上，将表笔跨接在被测电阻上。

注意：

① 当输入开路时，会显示过量程状态"1"。

② 如果被测电阻超过所用量程，则会指示出"1"，须换用高挡量程。当被测电阻在 1 MΩ 以上时，本表须数秒后方能稳定读数。对于高阻值电阻测量这是正常的。

③ 检测在线电阻时，须确认被测电路已断开电源，同时电容已放电完毕。方能进行测量。

④ 有些器件有可能被进行电阻测量时所加的电流而损坏，所以应注意其各挡所加的电压值。

（6）电容测量

量程开关置于电容量程挡。将待测电容插入电容测试插座，从 LCD 上读取读数。

注意：

① 所有的电容在测试前必须充分放电。

② 当测量在线电容时，必须先将被测线路内的所有电源关断，并将所有电容器充分放电。

③ 如果被测电容为有极性电容，测量时应按面板上输入插座上方的提示符将被测电容的引脚与仪表正确连接。

（7）二极管测量

① 将黑表笔插入"COM"插孔，红表笔插入"VΩ"插孔（注意红表笔为"+"极）。

② 将功能开关置于"➔|"挡，并将表笔跨接在被测二极管上。

注意：

① 当输入端未接入时，即开路时，显示过量程"1"。

② 通过被测器件的电流为 1 mA 左右。

③ 本表显示值为正向电压降伏特值，当二极管反接时则显示过量程"1"。

（8）蜂鸣通断测试

① 将黑表笔插入"COM"插孔，红表笔插入"VΩ"插孔。

② 将功能开关置于蜂鸣挡，并将表笔跨接在欲检查的电路两端。

③ 若被检查两点之间的电阻小于 30 Ω，蜂鸣器便会发出声响。

注意：

① 当输入端接入开路时，显示过量程"1"。

② 被测电路必须在切断电源的状态下检查通断，因为任何负载信号将使蜂鸣器发声，导致判断错误。

（9）晶体管 h_{FE} 测试

① 将功能开关置于"h_{FE}"挡上。

② 先认定晶体管是 PNP 型还是 NPN 型，然后再将被测管 E、B、C 三脚分别插入面板对应的晶体管插孔内。

③ 此表显示的则是 h_{FE} 近似值，测试条件为基极电流 10 μA，U_{ce} 约 2.8 V。

3. 注意事项

① 不要接高于 1000 V 直流电压或高于 750 V 以上交流有效值电压。

② 切勿误接量程以免内外电路受损。

③ 仪表后盖未完全盖好时切勿使用。

④ 更换电池及熔体须在拔去表笔及关断电源开关后进行。旋出后盖螺钉，轻轻地稍微

掀起后盖并同时向前推后盖，使后盖上挂钩脱离表面壳后即可取下后盖。按后盖上注意说明的规格要求更换电池或熔体，本仪表熔体规格为 0.3 A/250 V，外形尺寸为 ϕ5 mm×20 mm。

3.2.2 钳形电流表

如果用万用表测量电流，需要将电路开路测量，这样很不方便，因此可以用一种不断开电路又能够测量电流的仪表，这就是钳形电流表，如图 3-2-2 所示。下面介绍胜利牌 VC6056B 型钳形电流表，这是一款多功能钳形电流表，除了可以用来测量交流电流以外，还带有测量电压、电阻、二极管等功能，图 3-2-3 为这款钳形表的面板图。

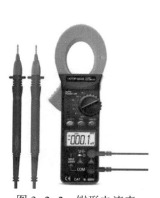

图 3-2-2　钳形电流表

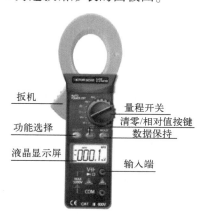

图 3-2-3　面板图

1. 结构及工作原理

钳形电流表的测量部分主要由一只电磁式电流表和穿心式电流互感器组成。穿心式电流互感器的载流导线铁心做成活动开口，且成钳形，故命名为钳形电流表。穿心式电流互感器的一次绕组为穿过互感器中心的被测导线，二次绕组则缠绕在铁心上与电流表相连。旋钮实际上是一个量程选择开关，扳手用于控制穿心式电流表互感器铁心的开合，以便使其钳入被测导线。

测量时，按动扳手，钳口打开，将被测载流导线置于穿心式电流互感器的中间，当被测载流导线中有交变电流通过时，交流电流的磁通在互感器二次绕组中感应出电流，使电磁式电流表的指针发生偏转，表盘上即可读出被测电流值。

2. 使用方法

（1）交/直流电流测量

① 将功能/挡位开关置于"40 A"，或者更高量程挡位。

② 按〈SELECT〉键选择交流电流或者直流电流测量模式。

③ 用于靠近电磁场的装置，可能显示不稳定或显示不正确的读数。

④ 测量电流前请先按〈REL〉键清零。

⑤ 按住钳头扳机打开钳头，用钳头夹取待测导体，然后缓缓放开扳机，直到钳头完全闭合，请确定待测导体是否被夹取在钳头的中央，未至于钳头中心位置会产生附加误差。钳表一次只能测量一个电流导体，若同时测量两个或以上的电流导体，测量读数则是错误的。

（2）交/直流电压测量

① 将黑表笔插入"COM"插孔，红表笔插入"VΩ"插孔。

② 将功能开关置于"V-"或"V~"量程范围，按〈SELECT〉键选择交流/直流电压。

③ 将表笔并接在被测量负载或信号源上。

④ 从显示屏上读取红表笔极性和电压值。

（3）电阻测量

① 将黑表笔插入"COM"插孔，红表笔插入"Ω"插孔。

② 将表笔并接在被测量负载或信号源上。

③ 从显示屏上读取电阻值。

另外钳形电流表还可以用来测量二极管、频率等，这里不一一介绍，详细可参考仪表手册。

3. 注意事项

① 测量电阻时，一定要将电路电源关闭，并将所有的电容充分放电，如果被测电阻超过钳表的最大量程，仪表将显示"OL"；测量 1 MΩ 以上的电阻时，仪表要过几秒才能稳定，这对高阻来说正常。

② 测量二极管时，也一定要将电路电源关闭，并将所有的电容充分放电，如果二极管开路或者极性接反了，仪表将显示"OL"。

3.2.3 绝缘电阻表

绝缘电阻表俗称摇表，是测量绝缘电阻最常用的仪表。它的计量单位是兆欧，故又称兆欧表。

绝缘电阻表主要用来测量绝缘电阻，一般用来检测供电电路、电动机绕组、电缆、电气设备等的绝缘电阻，以便检验其绝缘程度的好坏。它在测量绝缘电阻时本身就有高电压电源，这就是它与一般测电阻仪表的不同之处。绝缘电阻表用于测量绝缘电阻既方便，又可靠，但是如果使用不当，它将给测量带来不必要的误差，必须正确使用绝缘电阻表对绝缘电阻进行测量。

绝缘电阻表的种类有很多，但其作用大致相同，常用的 ZC11 型绝缘电阻表的外形如图 3-2-4 所示。

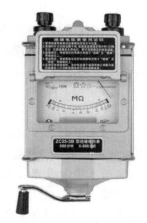

图 3-2-4　绝缘电阻表的外形图

1. 绝缘电阻表的选用

常用绝缘电阻表的规格有 250 V、500 V、1000 V、2500 V、5000 V 等。选用绝缘电阻表时，主要考虑它的输出电压及测量范围。一般高压电气设备和电路的检测使用电压高的绝缘电阻表，低压电气设备和电路的检测使用电压较低的绝缘电阻表。测量 500 V 以下的电气设备和线路时，选用 500 V 或 1000 V 绝缘电阻表；测量瓷绝缘子、母线、刀开关等时，应选用 2500 V 以上的绝缘电阻表。

选择绝缘电阻表的测量范围时，要使测量范围适合被测绝缘电阻的数值，不要使测量范围过多超出所需测量的绝缘电阻值，否则将发生较大的测量误差。表 3-2-1 是通常测量情况下绝缘电阻表选择示例。

表 3-2-1　绝缘电阻表选择示例

被 测 对 象	被测设备或线路的额定电压/V	选用的兆欧表/V
线圈的绝缘电阻	500 以下	500
	500 以上	1000
电机绕组的绝缘电阻	380 以下	1000
变压器、电机绕组的绝缘电阻	500 以上	1000~2500
	500 以下	500~1000
电气设备和电路的绝缘电阻	500 以上	2500~5000

2. 测量前的检查

① 使用前应做开路和短路试验，检查绝缘电阻表是否正常，如图 3-2-5 所示。将绝缘电阻表水平放置，使 L、E 两接线柱处在断开状态，摇动绝缘电阻表，正常时，指针应指到"∞"处；再慢慢摇动手柄，将 L 和 E 两接线柱瞬时短接，指针应迅速指向"0"。必须注意，L 和 E 短接时间不能过长，否则会损坏绝缘电阻表。这两项都满足要求，说明绝缘电阻表是好的。

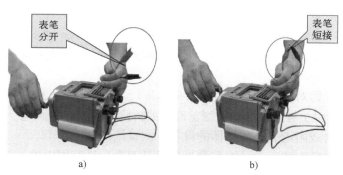

图 3-2-5　绝缘电阻表的开路试验和短路试验

a) 绝缘电阻表的开路试验　b) 绝缘电阻表的短路试验

② 检查被测电气设备和电路，看是否已切断电源。绝对不允许带电测量。

③ 由于被测设备或线路中可能存在电容放电危及人身安全和绝缘电阻表，所以测量前应对设备和线路进行对地短路放电，这样也可减少测量误差。

④ 被测物表面要清洁，减少接触电阻，确保测量结果的准确性。

⑤ 绝缘电阻表使用时应放在平稳、牢固的地方，且远离大的外电流导体和外磁场。

3. 绝缘电阻的测量方法

绝缘电阻表有三个接线柱，上端两个较大的接线柱上分别标有"接地"（E）和"线路"

（L），在下方较小的一个接线柱上标有"保护环"或"屏蔽"（G）。

（1）线路对地的绝缘电阻

将绝缘电阻表的"接地"接线柱（即 E 接线柱）可靠接地（一般接到某一接地体上），将"线路"接线柱（即 L 接线柱）接到被测线路上。连接好后，顺时针摇动手柄，转速逐渐加快，保持在约 120 r/min 后匀速摇动，当转速稳定、表的指针也稳定后，指针所指示的数值即为被测物的绝缘电阻值。

实际使用中，E、L 两个接线柱也可以任意连接，即 E 可以与被测物相连接，L 可以与接地体连接（即接地），但 G 接线柱不能接错。

（2）测量电动机的绝缘电阻

将绝缘电阻表 E 接线柱接电动机的机壳（即接地），L 接线柱接电动机某一相的绕组上。连接好后，顺时针摇动手柄，转速逐渐加快，保持在约 120 r/min 后匀速摇动，当转速稳定、表的指针也稳定后，指针所指示的数值即为电动机某一相绕组对机壳的绝缘电阻值。

测量电动机绕组间的绝缘性能时，将绝缘电阻表 E 接线柱和 L 接线柱分别接在电动机的两相绕组间，测量所示值即为电机动机相间绝缘电阻值。

（3）测量电缆的绝缘电阻

测量电缆的导电线芯与电缆外壳的绝缘电阻时，将接线柱 E 与电缆外壳连接，接线柱 L 与线芯连接，同时将接线柱 G 与电缆壳、芯之间的绝缘层连接。匀速摇动手柄，测出电缆的绝缘电阻。

4. 使用注意事项

① 测量连接线必须用单根线，且绝缘良好，不得绞合，以免因绞合绝缘不良引起误差。表面不得与被测物体接触。

② 绝缘电阻表测量时应放在水平位置，并用力按住绝缘电阻表，防止其在摇动中晃动，摇动的转速为 120 r/min。如被测电路中有电容，摇动时间要长一些，待电容充电完成、指针稳定下来再读数。测量中，若发现指针归零，则应立即停止摇动手柄，以防表内绕组过热而烧坏。

③ 测量完后应立即对被测物放电（需 2~3 min），在绝缘电阻表的手柄未停止转动和被测物未放电前，不可用手触及被测物的测量部分或拆除导线，以防触电。

④ 禁止在雷电时或附近有高压导体的设备上测量绝缘电阻。

⑤ 绝缘电阻表应定期校验，检查其测量误差是否在允许范围以内。

3.2.4　功率表

功率表又叫瓦特表、电力表，用于测量直流电路和交流电路的功率。在交流电路中，根据测量电流的相数不同，又有单相功率表和三相功率表之分。

1. 电动式功率表的结构及工作原理

电动式功率表的测量机构如图 3-2-6 所示。它的固定部分是由两个平行对称的线圈 1 组成，这两个线圈可以彼此串联或并联连接，从而可得到不同的量限。它的可动部分主要有转轴和装在轴上的可动线圈 2，指针 3，空气阻尼器 4，产生反抗力矩和将电流引入动圈的游线 5 组成。电动式功率表的接线方法如图 3-2-7 所示。图 3-2-7 中固定线圈串联在被测电路中，流过的电流就是负载电流，因此，这个线圈称为电流线圈。可动线圈在表内串联一个电阻值很大的电阻 R 后与负载电流并联，流过线圈的电流与负载的电压成正比，而且差不多与其相同，因而这个线圈称为电压线圈。固定线圈产生的磁场与负载电流成正比，该磁场与可动线圈中的电流相互作用，使动圈产生一力矩，并带动指针转动。在任一瞬间，转动力矩的大小总是与负载电流以及电压瞬时值的乘积成正比，但由于转动部分有机械惯性存在，因此偏转角决定于力矩的平均值，也就是电路的平均功率，即有功功率。

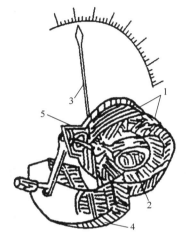

图 3-2-6　电动式功率表的测量机构
1—固定线圈　2—可动线圈　3—指针
4—空气阻尼器　5—游线

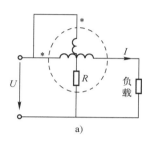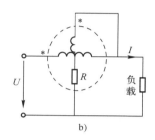

图 3-2-7　电动式功率表的两种接线方法

由于电动式功率表是单向偏转，偏转方向与电流线圈和电压线圈中的电流方向有关。为了使指针不反向偏转，通常把两个线圈的始端都标有 "＊" 或 "±" 符号，习惯上称为 "同名端" 或 "发电机端"，接线时必须将有相同符号的端钮接在同一根电源线上。当弄不清电源线在负载哪一边时，指针可能反转，这时只需将电压线圈端钮的接线对调一下，或将装在电压线圈中改换极性的开关转换一下即可。

2. 使用方法

图 3-2-7a 和 3-2-7b 的两种接线方式，都包含功率表本身的一部分损耗。在图 3-2-7a 的电流线圈中流过的电流显然是负载电流，但电压线圈两端电压却等于负载电压加上电流线圈的电压降，即在功率表的读数中多出了电流线圈的损耗。因此，这种接法比较适用于负载电阻远大于电流线圈电阻（即电流小、电压高、功率小的负载）的测量。如在荧光灯实验中镇流器功率的测量，其电流线圈的损耗就要比负载的功率小得多，功率表的读数就基本上等于负载功率。在图 3-2-7b 中，电压线圈上的电压虽然等于负载电压，但电流线圈中的电流却等于负载电流加上电压线圈的电流，即功率表的读数中多出了电压线圈的损耗。因此，这种接法比较适用于负载电阻远小于电压线圈电阻及大电流、大功率负载的测量。

使用功率表时，不仅要求被测功率数值在仪表量限内，而且要求被测电路的电压和电流值也不超过仪表电压线圈和电流线圈的额定量限值，否则会烧坏仪表的线圈。因此，选择功率表量限，就是选择其电压和电流的量限。

由于功率表的电压线圈量限有几个，电流线圈的量限一般也有两个，如图 3-2-8 所示。若实验室所设计的荧光灯电路实验的功率表电流量限为 0.5 ~ 1 A，电流量程换接片按

图 3-2-8 中实线的接法，即为功率表的两个电流线圈串联，其量限为 0.5 A；如换接片按虚线连接，即功率表两个电流线圈并联，量限为 1 A。表盘上的刻度为 150 格。

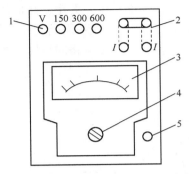

图 3-2-8　功率表前面板示意图

1—电压接线端子　2—电流接线端子　3—标度盘　4—指针零位调整器　5—转换功率正负的旋钮

如功率表电压量限选 300 V，电流量限选 1 A 时，用这种额定功率因数为 1 的功率表去测量，则分度值 = 300 V×1 A/150 格 = 2 W/格，即实数的格数乘以 2 W 才为实际被测功率值。

功率表实际测量的功率 P 满足换算公式，即

$$P = \frac{被选择的电压量程 \times 被选的电流量程}{绝缘电阻表的格数} \times 实际格数$$

3. 注意事项

仪表使用时应放置水平位置，尽可能远离强电流导线和强磁性物质，以免增加仪表误差。仪表指针如不在零位上，可利用表盖上的调零器将指针调至零位上。

根据所需测量范围将仪表接入线路，在通电前必须对线路中的电流或电压大小有所估计，避免过高超载，而使仪表遭到损坏。

功率表测量时如遇仪表指针反方向偏转时，应改变换向开关的极性。可使指针正方向偏转，切忌互换电压接线，以免使仪表产生附加误差。

3.2.5　电能表

电能表是用来测量电能的仪表，又称电度表、火表、千瓦·小时表，是测量各种电学量的仪表。使用电能表时要注意，在低电压（不超过 500 V）和小电流（几十 A）的情况下，电能表可直接接入电路进行测量。在高电压或大电流的情况下，电能表不能直接接入线路，须配合电压互感器或电流互感器使用。

随着我国经济的飞速发展，各行各业对电的需求越来越大，不同时间用电量不均衡的现象也日益严重。为缓解我国日趋尖锐的电力供需矛盾，调节负荷曲线，改善用电量不均衡的现象，全面实行峰、平、谷分时电价制度，"削峰填谷"，提高全国的用电效率，合理利用电力资源，国内部分省市的电力部门已开始逐步推出了多费率电能表，对用户的用电量分时计费。

1. 电能表的工作原理

当把电能表接入被测电路时，电流线圈和电压线圈中就有交变电流流过，这两个交变电流分别在它们的铁心中产生交变的磁通；交变磁通穿过铝盘，在铝盘中感应出涡流；涡流又

在磁场中受到力的作用，从而使铝盘得到转矩（主动力矩）而转动。负载消耗的功率越大，通过电流线圈的电流越大，铝盘中感应出的涡流也越大，使铝盘转动的力矩越大。即转矩的大小跟负载消耗的功率成正比。功率越大，转矩也越大，铝盘转动也就越快。铝盘转动时，又受到永久磁铁产生的制动力矩的作用，制动力矩与主动力矩方向相反；制动力矩的大小与铝盘的转速成正比，铝盘转动得越快，制动力矩也越大。当主动力矩与制动力矩达到暂时平衡时，铝盘将匀速转动。负载所消耗的电能与铝盘的转数成正比。铝盘转动时，带动计数器，把所消耗的电能指示出来。这就是电能表工作的简单过程。

2. 常用电能表的分类

① 电能表按其使用的电路可分为直流电能表和交流电能表。交流电能表按其相线又可分为单相电能表、三相三线电能表和三相四线电能表。

② 电能表按其工作原理可分为电气机械式电能表和电子式电能表（又称静止式电能表、固态式电能表）。电气机械式电能表用于交流电路作为普通的电能测量仪表，其中最常用的是感应型电能表。电子式电能表可分为全电子式电能表和机电式电能表。

③ 电能表按其结构可分为整体式电能表和分体式电能表。

④ 电能表按其用途可分为有功电能表、无功电能表、标准电能表、复费率分时电能表、预付费电能表、损耗电能表和多功能电能表等。

⑤ 电能表按其准确度等级可分为普通安装式电能表（0.2、0.5、1.0、2.0、3.0级）和携带式精密级电能表（0.01、0.02、0.05、0.1、0.2级）。

3. 新型电能表简介

在科技迅猛发展的今天，新型电能表已快步进入千家万户。下面介绍具有较高科技含量的静止式电能表和电卡预付费电能表。

（1）静止式电能表

静止式电能表是借助于电子电能计量的先进机理，继承传统感应式电能表的优点，采用全屏蔽、全密封的结构，具有良好的抗电磁干扰性能，是集节电、可靠、轻巧、高准确度、高过载、防窃电等为一体的新型电能表。

静止式电能表由分流器取得电流采样信号，分压器取得电压采样信号，经乘法器得到电压、电流的乘积信号，再经频率变换产生一个频率与电压、电流乘积成正比的计数脉冲，通过分频驱动步进电动机使计度器计量。

静止式电能表按电压分为单相电子式、三相电子式和三相四线电子式等，按用途又分为单一式和多功能（有功、无功和复合型）等。

静止式电能表的安装使用要求，与一般机械式电能表大致相同，但接线宜粗，避免因接触不良而发热烧毁。

（2）电卡预付费电能表

电卡预付费电能表即为机电一体化预付费电能表，又称 IC 卡表或磁卡表。它不仅具有电子式电能表的各种优点，而且电能计量采用先进的微电子技术进行数据采集、处理和保存，实现先付费后用电的管理功能。

电卡预付费电能表通过电阻分压网络和分流元件分别对电压信号和电流信号采样，送到电能计量芯片，在计量芯片内部经过差分放大、A/D 转换和乘法器电路进行乘法运算，完成被计量电能的瞬时功率测量，再通过滤波和数字、频率转换器，输出与被计量电能平均功率成比例的频率脉冲信号，其中高频脉冲输出可供校验使用，低频脉冲输出给计度器显示电量及 CPU 进行通信抄收等数据处理。电卡预付费电能表也有单相和三相之分。

（3）智能电表的工作特点

智能电表采用了电子集成电路的设计，因此与感应式电表相比，智能电表不管在性能还是操作功能上都具有很大的优势。

1）功耗。由于智能电表采用电子元件设计方式，因此一般每块表的功耗仅有 0.6~0.7 W，对于多用户集中式的智能电表，其平均到每户的功率则更小。而一般每只感应式电表的功耗为 1.7 W 左右。

2）准确度。就表的误差范围而言，2.0 级电子式电能表在 5%~400% 标定电流范围内测量的误差为 ±2%，而且目前普遍应用的都是准确等级为 1.0 级，误差更小。感应式电表的误差范围则为 0.86%~5.7%，而且由于机械磨损这种无法克服的缺陷，导致感应式电能表越走越慢，最终误差越来越大。国家电网曾对感应式电表进行抽查，结果发现 50% 以上的感应式电表在用了 5 年以后，其误差就超过了允许的范围。

3）过载、工频范围。智能电表的过载倍数一般能达到 6~8 倍，有较宽的量程。目前 8~10 倍率的表正成为越来越多用户的选择，有的甚至可以达到 20 倍率的宽量程。工作频率也较宽，范围为 40~1000 Hz。而感应式电表的过载倍数一般仅为 4 倍，且工作频率范围仅为 45~55 Hz。

4）功能。智能电表由于采用了电子技术，可以通过相关的通信协议与计算机进行联网，通过编程软件实现对硬件的控制管理。因此智能电表不仅有体积小的特点，还具有远程控制、复费率、识别恶性负载、反窃电、预付费用电等功能，而且可以通过对控制软件中不同参数的修改，来满足对控制功能的不同要求，而这些功能对于传统的感应式电表来说都是很难或不可能实现的。

3.3 常用电子仪表

直流稳压电源、信号发生器和示波器是电子技术工作人员最常用的电子仪器。由于本书是电工电子入门教材，目的是让读者建立感性认识，因此本节主要介绍它们的基本功能及使用方法，基本不涉及原理的介绍。本节每种仪器只选取了一个型号，但是其他型号大同小异，不难掌握它们的使用方法。

3.3.1 直流稳压电源

直流稳压电源是将交流电转变为稳定的、输出功率符合要求的直流电的设备。各种电子电路都需要稳压电源供电，所以直流稳压电源是电子电路或仪器不可缺少的组成部分。下面简要介绍 DF1731SC3A 型直流稳压电源的使用。

DF1731SC3A 是由两路可调式直流输出电源和一路固定输出电压源组成的高精度直流电源。其中两路可调式电源具有稳压与稳流自动转换功能。单路稳压状态时，输出电压从 0~30 V 电压值连续可调；稳流状态时，单路输出电流能从 0~3 A 电流值之间任意调整。主、从路电源均采用悬浮输出方式，可以独立输出互不影响，也可以串联或并联输出。串联时，从路输出电压跟踪主路输出电压；并联时，输出电流为两路独立输出电流之和。固定输出电压源输出 5 V 电压。三组电源均具有可靠的过载保护功能，输出过载或短路都不会损坏电源。

1. 面板操作键及功能说明

DF1731SC3A 型直流稳压电源的面板如图 3-3-1 所示。

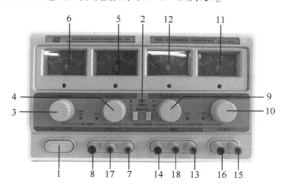

图 3-3-1 DF1731SC3A 型直流稳压电源面板图

【1】：电源开关。

当开关被按下时（置于 ON 位），本机处于"开"状态，此时稳压指示灯（C. V）或稳流指示灯（C. C）点亮。

【2】：两路电源独立、串联、并联控制开关。

当两个开关都处于弹起位置时（INDEP），本机作为两个独立的可调电源使用；当左边的开关按下，右边的开关弹起时（SERIES），双路可调电源可以串联使用；当两个开关都处于按下的位置时（PARALLEL），双路可调电源可以并联使用。

【3】：第 1 路稳流输出电流调节旋钮。调节第 1 路输出电流值（如调节限电流保护点）。

【4】：第 1 路稳压输出电压调节旋钮。调节第 1 路输出电压值，0 ~ 30 V 连续可调。

【5】：第 1 路电压表。指示第 1 路的输出电压值。

【6】：第 1 路电流表。指示第 1 路的输出电流值。

【7】：第 1 路直流输出正接线柱。输出直流电压的正极。

【8】：第 1 路直流输出负接线柱。输出直流电压的负极。

【9】：第 2 路稳流输出电流调节旋钮。调节第 2 路输出电流值（如调节限电流保护点）。

【10】：第 2 路稳压输出电压调节旋钮。调节第 2 路输出电压值，0 ~ 30 V 连续可调。

【11】：第 2 路电压表。指示第 2 路的输出电压值。

【12】：第 2 路电流表。指示第 2 路的输出电流值。

【13】：第 2 路直流输出正接线柱。输出直流电压的正极。

【14】：第 2 路直流输出负接线柱。输出直流电压的负极。

【15】：固定 5 V 直流电源输出正接线柱。输出固定 5 V 电压的正极。

【16】：固定 5 V 直流电源输出负接线柱。输出固定 5 V 电压的负极。

【17】、【18】：本机公共地。

2. 双路可调稳压源的使用方法

① 将【2】置于两个开关都弹起（INDEP）的位置。此时，第 2 路和第 1 路作为两路独

立的稳压源使用。本节以第1路为例，介绍调节电压的过程。（当仪表上无【2】时，本步操作可跳过）。

② 首先顺时针调整电流调节旋钮【3】至最大，然后按下电源开关【1】，打开电源。调整电压调节旋钮【4】，至电压表【5】上显示所需的电压值。此时，稳压指示灯（C.V）点亮。

③ 输出直流电压：从【7】、【8】输出直流电压。

第2路电压的调整方法与第1路类似。

注意：在作为稳压源使用时，电流调节旋钮【3】一般应该调至最大，但是本电源也可以任意设定限电流保护点。按下电源开关【1】，逆时针调整电流调节旋钮【3】至最小，此时稳流指示灯（C.C）点亮。然后短接【7】、【8】，并顺时针调整电流调节旋钮【3】，使输出电流等于所要求的限电流保护点电流，此时限电流保护点就被设定好了。

3. 使用注意事项

① 两路可调输出电源和一路固定5V输出电源均设有限电流保护功能，但当输出端短路时，应尽早发现并切断电源，排除故障后再使用。

② 在开机或调电压、调电流过程中，继电器发出"喀"的声音属正常现象。

3.3.2　信号发生器

信号发生器是一种能产生测试信号的信号源，是最基本和应用最广泛的电子仪器之一。信号发生器的种类繁多，按输出波形可分为正弦信号发生器、脉冲信号发生器、函数信号发生器；按输出频率范围可分为低频信号发生器、高频信号发生器、超高频信号发生器。

信号发生器一般应满足如下要求：具有较高的频率准确度和稳定度；具有较宽的频率范围，且频率可连续调节；在整个频率范围内具有良好的输出波形，即波形失真要小；输出电压可连续调节，且基本不随频率的改变而变化。

DG1062型函数信号发生器是一种精密仪器，它可输出多种信号：连续信号、扫频信号、函数信号、脉冲信号、单脉冲等。它的输出可以是正弦波，矩形波或三角波等基本波形，还可以是锯齿波、脉冲波、噪声波等多种非对称波形及任意波形。使用频率范围在1 μHz～60 MHz。

1. 面板操作键及功能说明

DG1062型函数信号发生器面板如图3-3-2所示。

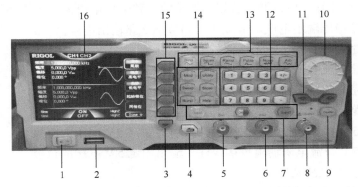

图3-3-2　DG1062型函数信号发生器面板图

【1】电源键。用于开启或关闭信号发生器。

【2】〈USB Host〉键。可插入 U 盘，读取 U 盘中的波形文件或状态文件，或将当前的仪器状态或编辑的波形数据存储到 U 盘中，也可以将当前屏幕显示的内容以图片格式（*.Bmp）保存到 U 盘。

【3】菜单翻页键。打开当前菜单的下一页。

【4】返回上一级菜单。退出当前菜单，并返回上一级菜单。

【5】CH1 输出连接器。输出 BNC 连接器，标称输出阻抗为 50 Ω。当〈Output1〉键打开时（背灯变亮），该连接器以 CH1 当前配置输出波形。

【6】CH2 输出连接器。输出 BNC 连接器，标称输出阻抗为 50 Ω。当〈Output2〉键打开时（背灯变亮），该连接器以 CH2 当前配置输出波形。

【7】通道控制区。

〈Output1〉键：用于控制 CH1 的输出。按下该键，背灯点亮，打开 CH1 输出。再次按下该键，背灯熄灭，此时，关闭 CH1 输出。

〈Output2〉键：用于控制 CH2 的输出。按下该键，背灯点亮，打开 CH2 输出。再次按下该键，背灯熄灭，此时，关闭 CH2 输出。

〈CH1 | CH2〉键：用于切换 CH1 或 CH2 为当前选中通道。

【8】Counter 测量信号输入连接器。输入连接器输入阻抗为 1 MΩ，用于接收频率计测量的被测信号。

【9】频率计。按下该按键，背灯变亮，左侧指示灯闪烁，频率计功能开启。再次按下该键，背灯熄灭，此时，关闭频率计功能。

【10】旋钮。使用旋钮设置参数时，用于增大（顺时针）或减小（逆时针）当前光标处的数值。

【11】方向键。使用旋钮设置参数时，用于移动光标以选择需要编辑的位；使用键盘输入参数时，用于删除光标左边的数字。

【12】数字键盘。它包括数字键（0~9）、小数点（.）和符号键（+/−），用于设置参数。

【13】波形选择键。选中某波形键按下时，按键背灯变亮。

〈Sine〉键：提供正弦波输出。可以设置正弦波的频率/周期、幅值/高电平、偏移/低电平和起始相位。

〈Square〉键：提供可变占空比的方波输出。它可以设置方波的频率/周期、幅值/高电平、偏移/低电平、占空比和起始相位。

〈Ramp〉键：提供可变对称性的锯齿波输出。它可以设置锯齿波的频率/周期、幅值/高电平、偏移/低电平、对称性和起始相位。

〈Pulse〉键：提供可变脉冲宽度和边沿时间的脉冲波输出。它可以设置脉冲波的频率/周期、幅值/高电平、偏移/低电平、脉宽/占空比、上升沿、下降沿和起始相位。

〈Noise〉键：提供高斯噪声输出。可以设置噪声的幅值/高电平和偏移/低电平。

〈Arb〉键：提供任意波输出。它可设置任意波的频率/周期、幅值/高电平、偏移/低电平和起始相位。

【14】功能键。

〈Mod〉键：可输出多种已调制的波形。提供多种调制方式：AM、FM、PM、ASK、FSK、PSK 和 PWM。

〈Sweep〉键：可产生正弦波、方波、锯齿波和任意波（DC 除外）的 Sweep 波形。支持线性、对数和步进 3 种 Sweep 方式。

〈Burst〉键：可产生正弦波、方波、锯齿波、脉冲波和任意波（DC 除外）的 Burst 波形。支持 N 循环、无限和门控 3 种 Burst 模式。

〈Utility〉键：用于设置辅助功能参数和系统参数。

〈Store〉键：可存储或调用仪器状态或者用户编辑的任意波数据。

〈Help〉键：要获得任何前面板按键或菜单软键的帮助信息，按下该键后，再按下所需要获得帮助的按键。

【15】菜单软键。与其左侧显示的菜单一一对应，按下该软键激活相应的菜单。

【16】LCD 显示屏。彩色液晶显示屏，显示当前功能的菜单和参数设置、系统状态以及提示消息等内容。

2. DG1062 型信号发生器的用户界面

DG1062 的用户界面包括三种显示模式：双通道参数（默认）、双通道图形和单通道。下面以双通道参数显示模式为例介绍仪器的用户界面，如图 3-3-3 所示。

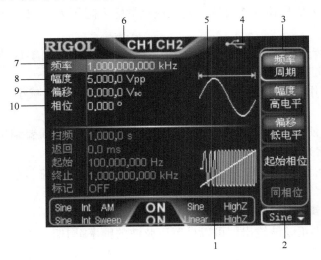

图 3-3-3　DG1062 型函数信号发生器用户界面

【1】通道输出配置状态栏。显示各通道当前的输出配置。各种可能出现的配置输出如图 3-3-4 所示。

【2】当前功能及翻页提示。显示当前已选中功能的名称。例如：〈Sine〉键表示当前选中正弦波功能。

【3】菜单。显示当前已选中功能对应的操作菜单。

【4】状态栏。分别表示仪器连接局域网、远程工作模式、前面板被锁定或检测到 U 盘时显示。

【5】波形。显示各通道当前选择的波形。

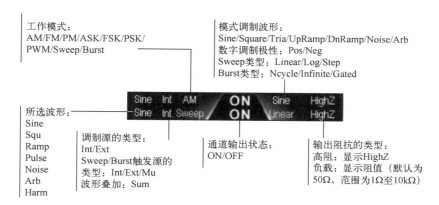

图 3-3-4　用户界面界面中配置状态栏解析

【6】通道状态栏。指示当前通道的选中状态和开关状态。选中"CH1"时，状态栏边框显示黄色；选中"CH2"时，状态栏边框显示蓝色；打开"CH1"时，状态栏中"CH1"以黄色高亮显示；打开"CH2"时，状态栏中"CH2"以蓝色高亮显示。

注意：可以同时打开两个通道，但不可同时选中两个通道。

【7】频率。显示各通道当前波形的频率。按相应的"频率/周期"使"频率"突出显示，通过数字键盘、方向键和旋钮改变该参数。

【8】幅度。显示各通道当前波形的幅度。按相应的"幅度/高电平"使"幅度"突出显示，通过数字键盘、方向键和旋钮改变该参数。

【9】偏移。显示各通道当前波形的直流偏移。按相应的"偏移/低电平"使"偏移"突出显示，通过数字键盘、方向键和旋钮改变该参数。

【10】相位。显示各通道当前波形的相位。按相应的"起始相位"菜单后，通过数字键盘或方向键和旋钮改变该参数。

3. DG1062 型信号发生器的基本操作

DG1062 可从单通道或同时从双通道输出基本波形，包括正弦波、方波、锯齿波、脉冲和噪声。本节主要介绍如何从"CH1"连接器输出一个正弦波（频率为 20 kHz，幅值为 2.5 Vrms）。

（1）选择输出通道

按通道选择键〈CH1｜CH2〉选中"CH1"。此时通道状态栏边框以黄色标识。

（2）选择正弦波

按〈Sine〉键选择正弦波，背灯变亮表示功能选中，屏幕右方出现该功能对应的菜单。

（3）设置频率/周期

按"频率/周期"使"频率"突出显示，通过数字键盘输入 20，在弹出的菜单中选择单位 kHz。

● 频率范围为 1 μHz 至 60 MHz。

● 可选的频率单位有：MHz、kHz、Hz、mHz、μHz。

● 再次按下此软键切换至周期的设置。

● 可选的周期单位有：sec、msec、μsec、nsec。

（4）设置幅值

按"幅值/高电平"使"幅值"突出显示，通过数字键盘输入 2.5，在弹出的菜单中选择单位 Vrms。

- 幅值范围受阻抗和频率/周期设置的限制。
- 可选的幅值单位有：Vpp、mVpp、Vrms、mVrms、dBm（仅当"Utility"→通道设置→输出设置→阻抗 为非高阻时，dBm 有效）。
- 再次按下此软键切换至高电平设置。
- 可选的高电平单位有：V、mV。

（5）启用输出

按〈Output1〉键，背灯变亮，"CH1"连接器以当前配置输出正弦波信号。

（6）观察输出波形

使用连接线将 DG1062 的"CH1"与示波器相连接，可以在示波器上观察到频率为 20 kHz，幅度为 2.5 Vrms 的正弦波。

4. 使用内置帮助系统

DG1062 内置帮助系统对于前面板上的每个功能按键和菜单软键都提供了帮助信息。用户可在操作仪器的过程中随时查看任意键的帮助信息。

（1）获取内置帮助的方法

按下〈Help〉键，背灯点亮，然后再按下所需要获得帮助的功能按键或菜单软键，仪器界面显示该键的帮助信息。

（2）帮助的翻页操作

当帮助信息为多页显示时，通过菜单软键(上一行)/(下一行)/(上一页)/(下一页)或旋钮可滚动帮助信息页面。

（3）关闭当前的帮助信息

当仪器界面显示帮助信息时，用户按下前面板上的任意功能按键（除〈Output1〉和〈Output2〉键外），将关闭当前显示的帮助信息并跳转到相应的功能界面。

（4）常用帮助主题

连续按两次〈Help〉键打开常用帮助主题列表。此时，可通过按(上一行)/(下一行)/(上一页)/(下一页) 菜单软键或旋转旋钮滚动列表，然后按"选择"选中相应的帮助信息进行查看。

3.3.3 电子示波器

电子示波器是利用示波管内电子射线的偏转，在显示屏上显示出电信号波形的仪器。它是一种综合性的电信号测试仪器，其主要特点是：不仅能显示电信号的波形，而且还可以测量电信号的幅度、周期、频率和相位等；测量灵敏度高、过载能力强；输入阻抗高。因此电子示波器是一种应用非常广泛的测量仪器。为了研究几个波形间的关系，常采用双踪和多踪示波器。下面介绍 TBS1072B-EDU 型数字存储示波器及其使用。

1. 面板操作键及作用

TBS1072B-EDU 型数字存储示波器的面板如图 3-3-5 所示。

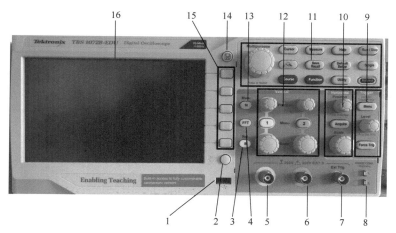

图 3-3-5　TBS1072B-EDU 型示波器面板图

【1】：USB 接口。可插入 U 盘用于文件存储。示波器可以将数据保存到 U 盘并从 U 盘中检索数据。

【2】：菜单开关键。打开或关闭屏幕右侧菜单。

【3】：〈Ref〉键。

【4】：〈FFT〉键。它将时域信号转换为频谱并显示。

【5】：通道 1 输入连接器。

【6】：通道 2 输入连接器。

【7】：外部触发信源的输入连接器。使用 "Trigger Menu（触发菜单）" 选择 Ext 或 Ext/5 触发信源。

【8】：探头补偿输出及机箱基准信号输出。

【9】：触发控制。

〈Menu〉触发菜单键。按下时，将显示触发菜单。

Level 电平旋钮。使用边沿触发或脉冲触发时，电平旋钮设置采集波形时信号所必须越过的幅值电平。该旋钮可将触发电平设置为触发信号峰值的垂直中点（设置为 50%）。

〈Force Trig〉强制触发键：无论示波器是否检测到触发，都可以使用此键完成波形采集。

【10】：水平控制。

Position 位置按钮：调整所有通道和数学波形的水平位置。这一控制的分辨率随时基设置的不同而改变。

〈Acquire〉采集键：显示采集模式：采样、峰值检测和平均。

Scale 刻度旋钮：选择水平时间/格（标度因子）。

【11】：菜单和控制按钮。

Multipurpose 多用途旋钮：通过显示的菜单或选定的菜单选项来确定功能。激活时，相邻的 LED 变亮。

〈Cursor〉光标键：显示 Cursor（光标）菜单。

〈Measure〉测量键：显示 "自动测量" 菜单。

〈Save/Recall〉保存/调出键：显示设置和波形的 Save/Recall（保存/调出）菜单。

〈Function〉函数键：显示函数功能。

〈Help〉帮助键：显示 Help（帮助）菜单。

〈Default Setup〉默认设置键：调出厂家设置。

〈Utility〉辅助功能键：显示 Utility（辅助功能）菜单。

〈Run/Stop〉运行/停止键：连续采集波形或停止采集。

〈Single〉单次键：采集单个波形，然后停止。

〈Autoset〉自动设置键：自动设置示波器控制状态，以产生适用于输出信号的显示图形。

【12】：垂直控制。

Position 位置旋钮（1 和 2）：可垂直定位波形。

Menu〈1〉和〈2〉菜单键：显示"垂直"菜单选择项，并打开或关闭对通道波形显示。

Scale 刻度（1 和 2）旋钮：选择垂直刻度系数。

【13】：Math〈M 键〉。数学计算键。

【14】：保存键。按此键，可以向 U 盘快速存储图像信息或文件。

【15】：屏幕右端菜单选择键。

【16】：显示屏。

2. TBS1072B-EDU 型数字示波器的基本操作

TBS1072B-EDU 型数字示波器是一个双通道输入的示波器。假设函数信号发生器产生一个频率为 1.25 kHz，电压峰-峰值为 2.8 V 的正弦波，将该信号送往示波器观测。

（1）选择输入通道

在通道 1 输入连接器接上示波器探头。

（2）设置通道 1 配置

按下垂直控制区【12】中的 Menu〈1〉，打开 CH1 通道的菜单选择项，进行通道 1 配置。

① 耦合方式。

直流耦合：被测信号中的交、直流成分均送往示波器。

交流耦合：被测信号中的直流成分被隔断，仅将被测信号中的交流成分送入示波器中观察。

接地：输入信号被接地，仅用于观测输入为零时光迹所在的位置。

② 探头衰减设置。探头有不同的衰减系数，它影响信号的垂直刻度。

选择与探头衰减相匹配的系数。例如，要与连接到"CH1"的设置为"10X"的探头相匹配，须按下"探头"→"衰减"选项，然后选择"10X"。

③ 通道极性设置。

设置"CH1"输入信号的极性。

反相开启：CH1 通道输入信号反相显示。

反相关闭：CH1 通道输入信号维持原相位。

（3）输入信号

探头接入输入信号。

（4）按〈Autoset〉键

按下菜单和控制按钮区域中的〈Autoset〉键，波形稳定显示在屏幕上，如图 3-3-6 所示。

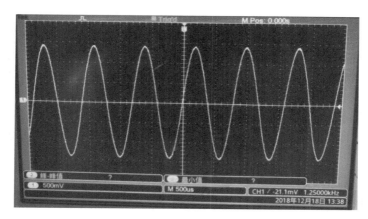

图 3-3-6　示波器屏幕显示信号波形

第4章　室内布线与电气照明

电气照明是人们对电能最基本的应用，也是电应用最广泛的领域，各个行业以及人们日常的生活都离不开照明。特别是现在家用电器越来越多，了解和掌握这些生活用电知识，了解照明系统在设计和安装时的注意事项，保证照明设备安全运行，防止安全事故的发生是非常必要的。

电气照明在不同的场合由不同的照明装置和照明线路组成，室内布线和照明电气的安装是最基础的一项电工技能。电气照明线路的安装一般包括室内布线、照明灯具安装、照明配电板安装。

4.1　电工用图

4.1.1　电工用图的分类

电工用图是详细说明产品中各元器件、各单元之间的工作原理及相互关系的参考资料，不论是要系统学习室内布线、照明装置安装等电工常识，还是熟悉电子产品相关技术，一定要学习和了解电工用图。电工电子实训中常用的电工用图主要有电路原理图、电气安装接线图、电气系统图、框图等几种。

1. 电路原理图

电路原理图又称"电原理图"，它是用电气符号按工作顺序排画、详细表示电路中电气元件、设备、线路的组成以及电路的工作原理和连接关系，而不考虑电气元件、设备的实际位置和尺寸的一种简图，如图4-1-1所示。

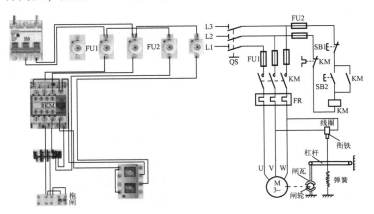

图 4-1-1　电路原理图

2. 电气安装接线图

电气安装接线图是根据电气设备和电气元器件的实际位置和安装情况绘制的，只用来表示电气设备和电气元器件的位置、配线方式和接线方式，而不明显表示电气动作原理，如图4-1-2所示。其主要用于安装接线、线路的检查维修和故障处理的指导。电气安装接线图又可分为单元接线图、互连线图、端子连线图等。在实际工作中，电气安装接线图可以与电气原理图、位置图配合使用。

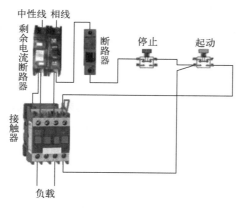

图 4-1-2　电气安装接线图

4.1.2　电工用图的识图

1. 识读电工用图的基本要求

（1）从简单到复杂，循序渐进地看图

本着从易到难、从简单到复杂的原则看图。复杂的电路都是简单电路的组合，从看简单的电路图开始，搞清每一电气符号的含义，明确每一电气元器件的作用，理解电路的工作原理，为看复杂的电气图打下基础。

（2）应具有电工学、电子技术的基础知识

电工学讲的主要就是电路和电器。电路又分为主电路和辅助电路等。主电路是电源向负载送电能的线路。主电路一般包括发电机、变压器、开关、熔断器、接触器主触头、电容器、电力电子器件和负载（如电动机、电灯）等。辅助电路一般包括继电器、仪表、指示灯、控制开关和接触器辅助触头等。通常，主电路通过的电流较大，导线线径较粗，而辅助电路中通过的电流较小，导线线径也较小。

在实际生产的各个领域中，所有电路，如输电配电、电力拖动、照明、电子电路、仪器仪表和家电产品等，都是建立在电工、电子技术理论基础之上的。因此，要想准确、迅速地看懂电气图，必须具备一定的电工、电子技术基础知识，进而分析电路，理解图样所包含的内容。如三相电动机的正转和反转控制，就是由三相电源的相序来决定的，用两个接触器进行切换，通过改变输入电动机的电源相序来改变电动机的旋转方向。也可以结合电气元器件的结构和工作原理看图。电路又由各种电气元器件、设备或装置组成，如电子电路中的电阻、电容、各种晶体管等，供配电高/低压电路中的变压器、隔离开关、断路器、互感器、熔断器、避雷器以及继电器、接触器、控制开关等。必须掌握它们的用途、主要构造、工作

89

原理及与其他元器件的相互关系（如连接、功能及位置关系），才能真正看懂电路图。例如，KA、KT、KS 分别表示电流、时间、信号继电器，要看懂图必须把这几种继电器的功能、主要构造（线圈、触头）、动作原理（如时间继电器的延时闭合）及相互关系搞清楚。又例如，要看懂电子电路的放大电路图，必须把双极型晶体管、晶闸管、电阻、电容的基本构造和工作原理弄懂。

（3）要熟记和会用电气图形符号和文字符号

电气简图所用的图形符号和文字符号以及项目代号、接线端子标记等是电气技术文件"词汇"，"词汇"掌握得越多，记得越牢，"文章"才能写得越好。图形符号和文字符号也一样，要做到熟记会用。

（4）熟悉各类电气图的典型电路

典型电路一般是最常见、常用的基本电路。如电力拖动中的起动、制动、正反转控制电路，电子电路中的整流电路和放大、振荡、调谐等电路，都是典型电路。不论多么复杂的电路，都是由典型电路派生而来的，或者是由若干典型电路组合而成的。熟悉各种典型电路，有利于对复杂电路的理解，能较快地分清主次环节以及与其他部分的相互联系，抓住主要矛盾，从而看懂较复杂的电气图。

（5）掌握各类电气图的绘制特点

各类电气图都有各自的绘制方法、绘制特点及绘制电气图的一般规则。例如，电气图的布局、图形符号及文字符号的含义、图线的粗细、主电路和辅助电路的位置、电气元件的画法、电气图与其他专业技术图的关系等。并利用这些规律，就能提高看图效率，进而自己也能设计制图。

（6）把电气图与土建图、管路网等对应起来看

电气施工往往与主体工程（土建工程）及其他设备（工艺管道、给排水管道、采暖通管道、通信线路、机械设备）等安装工程配合进行。电气设备的布置与土建平面布置、立面布置有关，线路走向不仅与建筑结构的梁、柱、门窗、楼板的位置、走向有关，还与管道的规格、用途、走向有关；安装方法又与墙体结构、楼板材料有关。特别是一些暗敷线路、电气设备基础及各种电气预埋件，更与土建工程密切相关。因此，阅读某些电气图还要与有关的土建图、管路图及安装图对应起来看。

（7）了解涉及电气图的有关标准和规程

看图的主要目的是用来指导施工、安装，指导运行、维修和管理。有些技术要求不可能一一在图样上反映出来，标注清楚。由于这些技术要求在有关的国家标准或技术规程、技术规范中已有了明确的规定，因而在读电气图时，还必须了解这些相关标准、规程、规范，这样才能真正读懂图。

2. 识读电气图的一般步骤

（1）详读文件说明

拿到电气图文件后，首先要仔细阅读图样的主标题栏和有关说明，如图样目录、技术说明、电气元件明细表、施工说明书等，结合已有的电工知识，对该电气图的类型、性质、作用有一个明确的认识，从整体上理解图样的概况和所要表述的重点。

（2）看概略图和框图

由于概略图和框图只是概略表示系统的基本组成、相互关系及其主要特征，因此紧接着

就要详细看电路图，才能搞清它们的工作原理。

（3）看电路图是识读图的重点和难点

电路图是电气图的核心，也是内容最丰富、最难读懂的电气图样。看电路图首先要看有哪些图形符号和文字符号，了解电路图各个组成部分的作用，分清主电路和辅助电路，以及交流回路和直流回路。其次，按照先看主电路，再看辅助电路的顺序进行。看主电路时，通常要从下往上看，即先从用电设备开始，经控制电气元器件，顺次往电源端看；看辅助电路时，则自上而下、从左至右看，即先看主电源，再顺次看各条支路，分析各条支路电气元器件的工作情况及其对主电路的控制关系，注意电气与机械机构的连接关系。

通过看主电路，搞清负载是怎样取得电源的，电源线都经过哪些电气元器件到达负载和为什么要通过这些电气元器件；通过看辅助电路，要搞清辅助电路的构成，各电气元器件之间的相互联系和控制关系及其动作情况等；同时，还要了解辅助电路和主电路之间的相互关系，进而搞清楚整个电路的工作原理。

（4）电路图与接线图对照起来看

接线图和电路图互相对照，有助于搞清楚连接图。读接线图时，要根据端子标示和回路标号从电源端顺次查下去，搞清楚线路走向和电路的连接方法，以及每条支路是怎样通过各个电气元器件构成闭合回路的。

4.2　室内布线方式及技术要求

导线（或电缆）在室内的敷设，以及支持、固定和保护导线用配件的安装等，总称为室内布线（配线）。

4.2.1　室内布线的形式

室内布线分为明装和暗装两种。明装是导线沿建筑物或构筑物的墙壁、天花板、桁架和梁柱等表面敷设；暗装是导线在楼板、顶棚和墙壁泥灰层下面敷设。

随着建筑水平提高以及装修的美观，现在的家庭通常采用暗线。暗线布线主要为线管布线，即将绝缘导线穿在管内敷设。这种布线方式安全可靠，能耐腐蚀和机械损伤，线管为硬塑管。

明线布线的早期多用瓷夹板、绝缘子及线管进行导线的固定，现在为了导线走线的安全和外在美观，多采用线槽进行导线的固定。

4.2.2　室内布线的要求与步骤

1. 室内布线的要求

1）室内布线合理、安装牢固、整齐美观、用电安全可靠。

2）使用导线的额定电压应大于线路的工作电压，绝缘应符合线路的安装方式要求和敷设环境，截面积应能满足供电和机械强度的要求。

3）布线时应尽量避免导线有接头，必须有接头时，应采用压接或焊接。导线连接和分支处不应受到机械力的作用。穿在管内的导线不允许有接头，必要时把接头放在接线盒或灯头盒内。

4）明线是指导线沿墙壁、天花板、柱子等明敷。暗线是指导线穿管埋设在墙内、地或灯头盒内或装设在顶棚内，室内敷设暗线，都必须穿 PVC 管加以保护。

5）室内敷设明导线距地面不低于 2.5 m，垂直敷设距地面不低于 1.8 m，否则应将导线穿在钢管内加以保护。

6）导线与用电器连接接头要符合技术要求，以防接触电阻过大，甚至脱落。

7）敷设导线要尽量避开热源，避开人体容易触到的地方。

8）配线的位置要便于检修。

2. 室内布线的步骤

1）按施工图确定配电箱、用电器、插座和开关等的位置。

2）根据线路电流的大小选购导线、穿线管、支架和紧固件等。

3）确定导线敷设的路径，穿过墙壁或楼板等的位置。

4）配合土建打好布线固定点的孔眼，预埋线管、接线盒和木砖等预埋件。暗线要预埋开关盒、接线盒和插座盒等。

5）装好绝缘支架物、线夹或管子。

6）敷设导线。

7）做好导线的连接、分支、封端和设备的连接。

8）通电试验，全面检查、验收。

4.2.3 瓷绝缘子配线

瓷绝缘子配线常用的绝缘子有柱式（鼓式）、针式、蝶式三种绝缘子。目前瓷绝缘子配线在室内使用得不多，只有某些动力车间、变电站或室外有用。其安装步骤简单地说是定位固定瓷绝缘子，放线、绑扎导线和安装电气设备。瓷绝缘子安装距离依不同的施工条件，一般横向间距在 1.2~3 m 间，纵向距离在 0.1~0.3 m 之间。瓷绝缘子配线根据工艺要求应注意以下几点：

1）在建筑物上配线时，导线一般放在瓷绝缘子上面，也可放在瓷绝缘子下面或外面，但不可放在两瓷绝缘子中间（见图 4-2-1）。

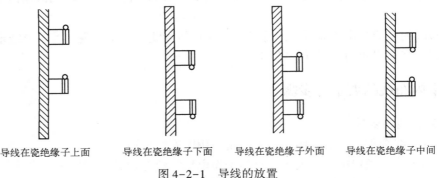

导线在瓷绝缘子上面　　导线在瓷绝缘子下面　　导线在瓷绝缘子外面　　导线在瓷绝缘子中间

图 4-2-1　导线的放置

2）导线弯曲、转角、换向时，瓷绝缘子要装在导线弯曲的内侧（见图 4-2-2）。

3）导线不在一个平面弯曲时要在凸角两面加设瓷绝缘子（见图 4-2-3）。

4）导线分支时，分支处要装设瓷绝缘子；导线交叉时要在靠近墙面的那根导线上套绝缘管（见图4-2-4）。

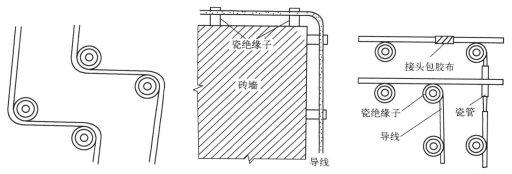

图4-2-2　导线弯向安装图　　图4-2-3　非同一平面安装图　　图4-2-4　导线分支处安装图

5）导线绑扎时，要把导线调平、收紧。

4.2.4　护套线配线

护套线配线可以理解为一种临时配线，一般用在家庭或办公室内。它直接敷设在墙壁、梁柱表面，也可以穿在空心楼板内。固定方法现在大多用钢钉塑料卡子。根据护套线的规格选用相同规格的卡子。卡子的距离在0.3～0.5m。固定时要把护套线捋直放平（扁护套线），卡子间距要相等。根据经验卡子的距离或距屋顶的距离可以用锤子柄衡量，这样可以提高工作效率。若画出线路横、竖线走向，沿线敷设则更美观（见图4-2-5）。

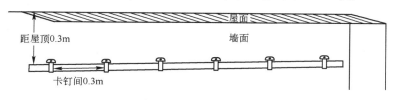

图4-2-5　护套线配线

4.2.5　线槽配线

线槽配线也是一种临时配线，或工程改造配线。如一户一表工程改造，将导线装在线槽内敷设在走廊或墙壁上。线槽固定拼装的具体工艺步骤如下。

1）固定：用冲击钻按固定点打$\phi 6\,mm$的孔，孔内放上塑料胀管。用木螺钉将底板固定牢固，固定点间距离约0.3m。分支与转角处要加强固定点。

2）拼装：接头处底板和盖板要错开，便于固定与受力。转角处底、盖合好，将横、竖槽板各锯45°斜角。分支处在横板二分之一处锯出45°的尖角，竖板锯出45°尖角，使横竖相配。线槽与塑料台相切处线槽也应处理成圆弧，使相切无缝隙（见图4-2-6）。

3）布线：安装电气元器件，将导线放入线槽内盖好盖板。

现在30mm以上的线槽都配有接头、弯头、三通等配件，施工方便，减少工序，提高了工作效率，如图4-2-7所示。

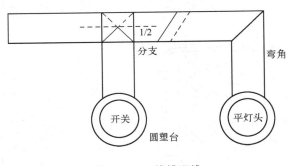
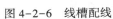
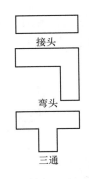

图 4-2-6 线槽配线

图 4-2-7 线槽配件

4.2.6 桥架配线

随着现代高层大型建筑物拔地而起，传统的配线已远远不能满足需要，建筑物内的负荷增大，各种线路增多，供电干线已不能埋入墙体或楼板内，桥架配线应运而出成为主角。

桥架配线可以理解为线槽配线的翻版，是放大了的线槽，所不同的是固定方式，桥架的固定主要是悬吊式和支架式，如图 4-2-8 所示。桥架内的配置可分为强电和弱电，强电即电源主干线，主要是电线电缆；弱电主要是网线、监控线、电话线和电视馈线等。桥架安装工艺要求有以下几点：

1）桥架的固定吊杆、金属支架等，要在墙体粉刷前安装固定。

2）桥架有箱体、连板、弯头、三通、四通、波弯、大小头等配件，要按照施工图组装后安装。

3）为了保证良好的接地，箱体连接处要跨接接地线。

4）桥架安装要牢固，布线完成以后要盖好盖板，因碰撞掉漆处要补刷（喷）。

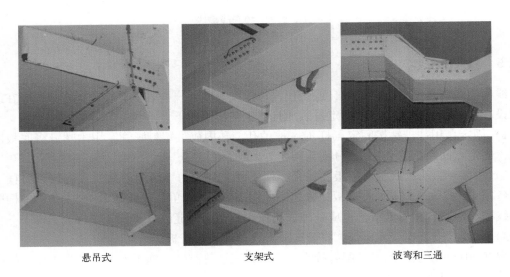

悬吊式   支架式   波弯和三通

图 4-2-8 桥架配线

4.2.7 线管配线

1. 线管配线的特点与方式

线管配线是将导线穿在管内的敷设方法。这种配线有防潮、防腐、导线不易受直接损伤等特点。但导线发生断线、短路故障后换线维修比较麻烦。

线管配线有明敷设和暗敷设两种，明敷设将线管敷设在墙壁或其他支持物上，也称暗线明装；暗敷设将线管埋入地下、墙内，也称暗线暗装。目前常用的线管有金属镀锌（镀铬）电线管和高强度的 PVC 管。

2. 线管配线的步骤与工艺要求

（1）选管

根据施工图样设计要求，一般大型永久性建筑物采用金属管；中小型建筑物使用 PVC 管。

根据穿线的截面和根数选择线管直径，要求穿管导线的外总截面（包括绝缘皮层）应等于或小于线管内径截面的 40%。

（2）下料布管

用钢锯、管子割刀或无齿电锯，按所需线管长短进行下料，并锉去管口飞边。现在线管弯曲有弯头、分支有三通、连接有接头、粗细管连接有大小头等配件，所以减少了配管的许多工序，大大提高了工作效率（见图 4-2-9）。

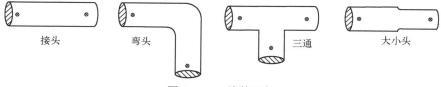

接头　　弯头　　三通　　大小头

图 4-2-9　线管配件

暗布管时，若在现场浇注混凝土，当模板支好，钢筋扎好后，将线管组装后绑扎在钢筋上；若布在砖墙内应先在墙上留槽或开槽；若布在地下应在混凝土浇筑之前预埋。布管的同时线管内应穿上铁丝，备牵引导线用。管口要用废旧纸张、塑料封堵，防止砂浆、杂物进入管内影响穿线。

明装布管时，线管沿墙壁、柱子等处敷设，塑料管用塑料卡子固定，金属管用金属卡子固定，金属管连接处要跨焊接地线。接线盒、配电箱等都要进行良好接地。当线管穿越建筑物的沉降缝（伸缩缝）时，为防止地基下沉或热胀冷缩损伤线管和导线，要在沉降缝旁装设补偿装置（见图 4-2-10）。补偿装置接管的一端用螺母拧紧，另一端不用固定。当明装时可用金属软管补偿，软管留有弧度，用以补偿伸缩（见图 4-2-11）。

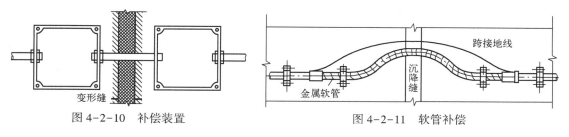

图 4-2-10　补偿装置　　　　　图 4-2-11　软管补偿

（3）穿线安装电气元器件

当土建地坪和粉刷完工后，就应及时穿线。由于布管时，管内已穿上了牵引铁丝，此时根据线管长度裁剪导线并依据相线、地线、中性线规定的颜色选择导线，将数根导线并拢（线管内导线最多不得超过8根），与牵引铁丝一端绑扎好。一人向管内推送导线（注意送线人一定要小心管口刮伤导线绝缘皮层），另一端由一人牵引铁丝（见图4-2-12）。若推拉不动或线管折弯处，则送线人要拉出一下导线，再推送，如此反复几次让送线打弯后再前进。若穿线失败，导线与牵引铁丝分离或因误漏穿引铁丝则要重新穿牵引线，这时的牵引线要用弹性较强的钢丝，钢丝头要弯成不易被挂的圆形角头（易穿入管内）。当导线穿好后安装电气元器件，注意连接螺栓的螺母或螺钉要压紧，不要有虚点也不要压绝缘，接线盒内导线要留有余量，电气元器件安装要牢固、端正。

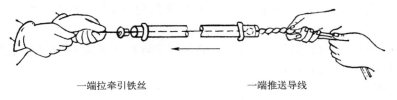

一端拉牵引铁丝　　　　　　　　　　　一端推送导线

图4-2-12　线管穿线

4.2.8　安装线路的检查

线路安装完毕，在通电运行前，必须进行全面、细致的检查。一旦发现故障，应立即检修。

1. 外观检查

① 检查导线及其他电气材料的型号、规格及支持件的选用是否符合施工图的设计要求。

② 检查器材的选用和支持物的安装质量；手拉拔预埋件，检查其是否牢固。

③ 检查电气线路与其他设施的距离是否符合施工要求。

2. 回路连接的检查

对各种配线方式，都可用万用表电阻挡分别检查各个供电回路的接通和分断状况。在用万用表检测前，对明敷线路，先察看线路的分布和走向，线头的连接、分支等是否与图标相符。检查暗敷线路时，主要通过线头标记、导线绝缘皮的颜色进行区分。最后用万用表电阻挡检测各个回路是否导通。

3. 线头绝缘层的检查

各线头均应包缠绝缘层，且绝缘性能应良好，有一定的机械强度。

4. 绝缘电阻的检查

线路和设备绝缘电阻的测量通常用绝缘电阻表检测。测量线路的绝缘电阻时，在单相供电线路中应测量相线与中性线、相线与保护接地线接地的绝缘电阻。在三相四线制电路中，分别测量接入用电设备前每两根导线间绝缘电阻和每根导线的对地绝缘电阻，在低压线路中，其阻值应不低于 $0.5\,M\Omega$。注意，测量前应先断开所有用电器具，再将绝缘电阻表接入线路进行测量。

4.3 导线

电工电子实训中，导线的连接是一种最基本而又关键的技能，导线的连接质量影响着线路和设备运行的可靠性和安全程度，线路的故障往往发生在导线接头处。室内配线除线槽、线管内不允许有接头外，其他地方难免有接头，导线的接头前如果是绝缘导线应先剥去绝缘皮层，清除氧化物后，再进行连接。

4.3.1 导线的分类和结构

1. 电磁线和电力线

导线分为两大类，即电磁线和电力线。

电磁线用来制作各种绕组，如制作变压器、电动机和电磁铁中的绕组。电力线则用来将各种电路连接成通路。电磁线按绝缘材料分，有漆包线、丝包线、丝漆包线、纸包线、玻璃纤维包线和纱包线等；按截面的几何形状分，有圆形和矩形两种；按导线线芯的材料分，有铜芯和铝芯两种。

电力线分为绝缘导线和裸导线两大类。

绝缘导线种类很多，常用的有塑料硬线、塑料软线、塑料护套线、橡皮线、棉线编织橡皮软线（即花线）、橡套软线和铅包线，以及各种电缆等。

常用的裸导线有铝绞线和钢芯铝绞线两种。钢芯铝绞线的强度较高，用于电压较高或档距较大的线路，低压线路一般多采用铝绞线。

2. 常用绝缘导线的结构和应用

绝缘导线是指导体外表有绝缘层的导线，绝缘层的主要作用是隔离带电体或不同电位的导体，使电流按指定的方向流动。

（1）B 系列橡皮塑料导线

常用的符号有 BV 铜芯塑料线，BLV 铝芯塑料线，BX 铜芯橡皮线，BLV 铝芯橡皮线。绝缘导线常用截面积有 $0.5\ mm^2$、$1\ mm^2$、$1.5\ mm^2$、$2.5\ mm^2$、$4\ mm^2$、$6\ mm^2$、$10\ mm^2$、$16\ mm^2$、$25\ mm^2$、$35\ mm^2$、$50\ mm^2$、$70\ mm^2$、$95\ mm^2$、$120\ mm^2$、$150\ mm^2$、$185\ mm^2$、$240\ mm^2$、$300\ mm^2$、$400\ mm^2$ 等。

B 系列的导线结构简单，电气和机械性能好，广泛用作动力、照明及大中型电气设备的安装线，交流工作电压为 500 V 以下。

（2）R 系列橡皮塑料软线

R 系列软线的线芯由多根细铜丝绞合而成，除具有 B 系列导线的特点外，还比较柔软，广泛用于家用电器、小型电气设备、仪器仪表及照明灯线等。

此外还有 Y 系列通用橡套电缆，该系列电缆常用于一般场合下的电气设备、电动工具等的移动电源线。

4.3.2 导线的连接

在电气安装与线路维护工作中，因导线长度不够或线路有分支，需要把一根导线与另一根导线连接起来，再把最终出线与用电设备的端子连接，这些连接点通常称为接头。

绝缘导线的连接方法很多，有铰接、焊接、压接和螺栓连接等，各种连接方法适用于不同导线及不同的工作地点。绝缘导线的连接无论采用哪种方法，都不外乎以下四个步骤。

1）绝缘层剥切。

2）导线线芯连接。

3）接头焊接或压接。

4）绝缘的包扎。

对导线连接的要求是：电接触性好，接头美观，机械强度强且绝缘强度高，能够在有害气体长期腐蚀条件下使用。

1. 绝缘导线的剥切

导线线头绝缘层的剥切是导线加工的第一步，是为以后导线的连接做准备。绝缘导线的剥切一是剥削绝缘皮层（见图4-3-1），二是断切导线。

电工必须学会用电工刀、钢丝钳或剥线钳来剥削绝缘层，线芯截面积在 4 mm² 以下导线绝缘层的处理可采用剥线钳，也可用钢丝钳。无论是塑料单芯导线，还是多芯导线，线芯截面积在 4 mm² 以下的都可用剥线钳操作，且剥削方便快捷。橡皮导线同样可用剥线钳剥削绝缘层。用剥线钳剥削时，先定好所需的剥削长度，把导线放入相应的刃口中，用手将钳柄一握，导线的绝缘层即被割破自动弹出。需注意，剥线钳的刃口的选用要适当，刃口的直径应稍大于线芯的直径。

绝缘导线如果较细则可用钳子直接剥除绝缘皮层，方法是右手握住钳头自然合拢，被夹持的导线从食、中指间伸出，用左手拉线即可剥除。若导线较粗则要用电工刀剥削，剥削时先用刃口绕导线一周，再斜45°切入导线，刃口朝外推切，以防伤手。

断切较粗导线时，右手握钳，钳刃夹持导线放在髋关节上，脚尖抬起，左手扳持导线，右手压钳，左手向上扳线使导线切断。

图 4-3-1　剥绝缘导线皮层

如果导线是铅包绝缘导线，应将导线置于硬物表面，用电工刀在铅包上绕一周，然后上下搬动导线使铅层断裂，把铅皮拉下。当切除内皮层时注意不要损伤导线（见图4-3-2）。

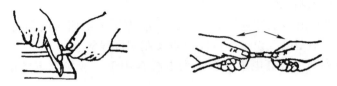

图 4-3-2　切断导线

2. 导线线芯的连接

当导线不够长或要分接支路时，就需要把一根导线与另一根导线连接起来，常用铜芯导线的线芯规格有单股、7股和19股多种，线芯股数不同，其连接方法也不同。

导线连接分直线连接（即"一"字连接，目的是加长导线）和分支连接（即"T"字连接，目的是在干线上引出分支连接电器）。两种连接形式又分单股连接和多股连接。

（1）单股导线的直线连接

① 两线头各剥去绝缘皮层 30~40 mm。

② 两线头十字交叉拧 1~3 个"X"。

③ 两线头分别紧密缠绕 3~5 圈，剪去余头，并压紧飞边。

④ 两线头缠好后距绝缘层约 5 mm，这样易于包扎绝缘（见图 4-3-3）。

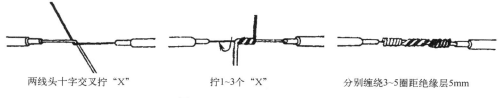

两线头十字交叉拧"X"　　　　拧1~3个"X"　　　　分别缠绕3~5圈距绝缘层5mm

图 4-3-3　导线的直线连接

（2）单股导线的分支连接

① 干线剥去皮层 15~30 mm，支线剥去皮层 30~50 mm。

② 支线在干线上打一个大钩，承受拉力，然后在干线上紧密缠绕 3~5 圈。

③ 剪去余头，压紧飞边，连好的支线距干线绝缘层左右不要超过 5 mm（见图 4-3-4）。

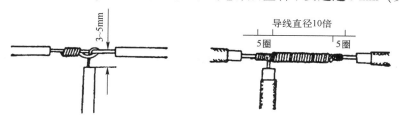

图 4-3-4　导线的分支连接

（3）多股导线（绝缘导线、裸导线）的直线连接

① 多股导线的平行缠绕法。将两根多股铜或铝导线，用砂纸打磨去掉氧化物，将两根导线平行并拢，用相同材质的绑线从中间或一端缠绕，缠绕约 150~200 mm，剪去余头和辅线拧成小辫（约 3 个花），如图 4-3-5 所示。

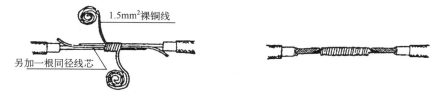

图 4-3-5　多股导线的平行缠绕法

② 多股导线的交叉缠绕法。将两根导线去氧化物，拉直并分开成伞骨状，把伞骨状的线头隔开对插，再并拢捏平。在并拢线的中间扳起一根线芯，按顺时针方向缠绕 3~5 圈，

99

再扳起一根线芯并于前根十字交叉，压平剪去前根的余头，继续缠绕，如此方法直至缠绕最后一根线芯，剪去余头拧成小辫（见图4-3-6）。

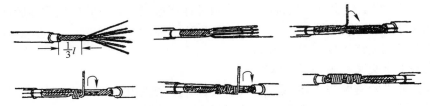

图4-3-6　多股导线的交叉缠绕法

两种缠绕法的操作要领：

① 两腿分开略宽于肩，右手持钳，钳刃朝外，左手持线置于右腋下，双腿稍微弯曲。

② 放好绑线（绑线盘成盘并弯环）钳口送要用力（但不要夹断绑线），钳眼带要猛力（猛带绑线盘）。

③ 钳子与导线垂直并贴紧导线，以导线为轴心"送"与"带"，如此缠绕约150~200mm（直线连接），最后绑线与辅线拧成小辫，剪去余头，砸平小辫。

（4）多股导线的分支连接

先剥去干线绝缘皮层约300mm，支线500mm，将支线分成两组（七根的导线一组三根，一组四根）叉套在干线上，将两组支线分别紧密缠绕在干线上并压紧线头飞边（见图4-3-7）。

图4-3-7　多股导线的分支连接

为了提高工作效率，多股导线直线连接时常用压线管压接，铜绞线用铜管，铝绞线用铝管。将两线头去氧化层后，并行套上压线管，用压线钳压紧即可（见图4-3-8）。当导线与电气设备连接时又分螺钉压接、螺栓压接和瓦楞板压接。螺钉压接时单股导线应打"实回头"，以增加接触面积保证压紧；螺栓压紧时单股导线要弯"眼圈"。"眼圈"要圆，不能半环、三角环，并要顺时针安装；瓦楞板压接时，单股线应打"空回头"，目的也是增加接触面积，保证连接质量（见图4-3-9）。

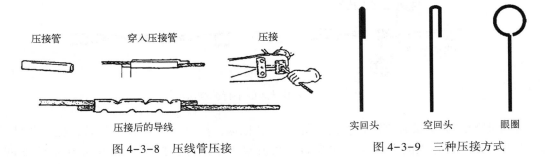

图4-3-8　压线管压接　　　　　　　图4-3-9　三种压接方式

3. 导线的挂锡

铜导线连接之后为了防止接头氧化，保证良好的接触，还需要用电烙铁挂锡、锡锅蘸锡、锡锅浇锡（见图4-3-10）。

无论哪种挂锡方法，导线都要清除氧化物并要加焊剂（焊膏、松香、稀酸），电烙铁使用前要检查电源线有无破损、漏电。烙铁头要放在金属支架上。蘸锡、浇锡时要戴手套，防止锡爆烫伤。

随着技术的进步，大型导线如汇流排已采取静电涂银新工艺，不但提高了工作效率而且保证了工艺质量，减少不安全因素。

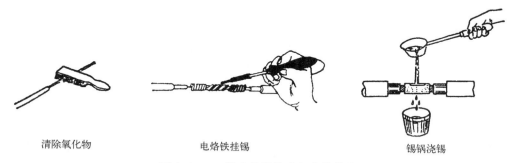

　　清除氧化物　　　　　　　电烙铁挂锡　　　　　　　锡锅浇锡

图4-3-10　防止导线接头氧化的措施

4. 绝缘的包扎

导线接头处理好后，绝缘导线要恢复绝缘。其方法可以套树脂纤维管或塑料绝缘套管，也可以套冷缩管、热缩管。如果用胶带缠绕包扎，其方法是从绝缘处一带宽（15~20 mm）起头，斜45°，压1/2，拉紧往返缠绕一次，共4层。若室外还要包防水胶带，方法同上。导线垂直时注意裙口朝下，以防渗水影响绝缘（见图4-3-11）。

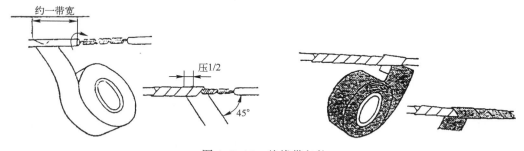

图4-3-11　绝缘带包扎

4.4　照明灯具

利用电来发光而作为光源的，称为电气照明。照明装置是我们日常工作、学习和生活都离不开的必备品。电气照明按发光的方法分，有热辐射放电（白炽灯）、气体放电（荧光灯）两类；按照明的方式分，有一般照明、局部照明和混合照明三类；按使用的性质分，有正常照明、事故照明、值班照明、警卫照明、障碍照明、装饰性照明（射灯、闪灯）和广告性照明（霓虹灯）等。

4.4.1 灯具的种类及特点

从爱迪生发明的电灯到今天，灯具发生了巨大的变化。以光源分有白炽灯、荧光灯、高压汞灯、高压钠灯、氙灯、碘钨灯、卤化物灯、节能灯等；按安装场合分有室内灯、路灯、探照灯、舞台灯、霓虹灯等；按防护形式有防尘灯、防水灯、防爆灯等；按控制方式有单控、双控、三控、光控、时控、声光控、时光控等。

下面简单介绍不同光源的灯具。

1. 白炽灯

白炽灯为热辐射光源，是由电流加热灯丝至白炽状态而发光的。电压 220 V 的功率为 15～1000 W，电压 6～36 V 的（安全电压）功率不超过 100 W。灯头有卡口和螺钉口两种。大容量一般用瓷灯头。白炽灯的特点是结构简单、安装方便、使用寿命长。

2. 荧光灯

荧光灯（日光灯）为冷辐射光源，靠汞蒸气放电时辐射的紫外线去激发灯管内壁的荧光粉，使其发出类似太阳的光辉，故又称日光灯。荧光灯有光色好、发光率好、耗能低等优点，但结构比较复杂，配件多，活动点多，故障率相对白炽灯高。

3. 高压汞灯（水银灯）

高压汞灯有自镇流式和外镇流式两种。自镇流式是利用钨丝绕在石英管的外面作镇流器；外镇流式是将镇流器接在线路上。高压汞灯也属于冷辐射光源，是在玻璃泡内涂有荧光粉的高压汞气放电发光的。高压汞灯广泛用于车间、码头、广场等场所。

4. 卤化物灯

卤化物灯是在高压汞灯的基础上为改善光色而发明的一种新型电光源。它具有光色好、发光效率高的特点，如果选择不同的卤化物就可以得到不同的光色。

5. 高压钠灯

高压钠灯是利用高压钠蒸气放电发出金色的白光，其辐射光的波长集中在人眼感受较灵敏部位，特点是光线比较柔和，发光效率好。

6. 氙灯（"小太阳"）

氙灯是一种弧光放电灯，有长弧氙灯和短弧氙灯。长弧氙灯为圆柱形石英灯管，短弧氙灯是球形石英灯管。灯管内两端有钍钨电极，并充有氙气。这种灯具有功率大、光色白、亮度高等特点，被喻为"小太阳"。广泛用于建筑工地、车站机场、摄影场所。

7. 碘钨灯

碘钨灯是一种热辐射光源，灯管内充入适量的碘，高温下钨丝蒸发出钨分子和碘分子化合成碘化钨，这便是碘钨灯的来由。碘化钨游离到灯丝时又被分解为碘和钨，如此循环往复，使灯丝温度上升发出耀眼的光。碘钨灯的特点是体积小、光色好、寿命长，但启动电流较大（为工作电流的 5 倍）。这种灯主要用在工厂车间、会场和广告箱中。

8. 节能灯

节能灯具有光色柔和、发光效率高、节能显著的特点，被普遍用于家庭、写字楼、办公室等。工作原理和荧光灯相同，管内涂有稀土三基色荧光粉，发光效率比普通荧光灯提高

30%左右，是白炽灯的 5~7 倍。

节能灯是自带镇流器的荧光灯。节能灯点燃时首先通过电子镇流器给灯管灯丝加热，涂了电子粉（电子粉是指吸收较低的能量就可发射电子的金属，如钍、铯等粉末）的灯丝开始发射电子，电子碰撞充装在灯管内的氩原子，氩原子碰撞后获得了能量又撞击内部的汞原子，汞原子在吸收能量后跃迁产生电离，灯管内形成等离子态，灯管两端电压直接通过等离子态导通并发出紫外线，紫外线激发荧光粉发光。由于节能灯工作时灯丝的温度在 1160 K 左右，比白炽灯工作的温度 2200~2700 K 低很多，所以它的寿命大大提高，可达到 5000 h 以上。由于它使用效率较高的电子镇流器，同时不存在白炽灯那样的电流热效应，荧光粉的能量转换效率也很高，所以节约电能。

LED 节能灯由于节约能源，色彩丰富及其无与伦比的装饰性正走进千家万户。LED 节能灯发光二极管的核心部分是由 P 型半导体和 N 型半导体组成的晶片，在 P 型半导体和 N 型半导体之间有一个过渡层，即 PN 结。在某些半导体材料的 PN 结中，注入的少数载流子与多数载流子复合时会把多余的能量以光的形式释放出来，从而把电能直接转换为光能。PN 结加反向电压，少数载流子难以注入，故不发光。这种利用注入式电致发光原理制作的二极管叫发光二极管，通称 LED。当它处于正向工作状态时，电流从 LED 阳极流向阴极，半导体晶体就发出从紫外到红外不同颜色的光线，光的强弱与电流有关。

4.4.2 灯具安装

灯具的安装形式有壁式、吸顶式、悬吊式。悬吊式又有吊线式、吊链式、吊杆式（见图 4-4-1）。

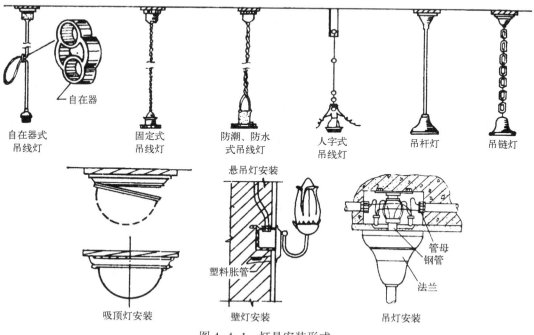

自在器式吊线灯　　固定式吊线灯　　防潮、防水式吊线灯　　人字式吊线灯　　吊杆灯　　吊链灯

自在器

吸顶灯安装　　壁灯安装　　吊灯安装

悬吊灯安装

塑料胀管

管母钢管

法兰

图 4-4-1　灯具安装形式

灯具安装一般要求悬挂高度距地 2.5 m 以上，这样一是高灯放亮；二是人碰不到，相应

安全。暗开关距地面 1.3 m，距门框 0.2 m，拉线开关距屋顶 0.3 m。

1. 白炽灯安装的步骤与工艺要求

1）安装圆木台（塑料台）。在布线或管内穿线完成之后安装灯具的第一步是安装圆木台。圆木台安装前要用电工刀顺着木纹开两条压线槽；用平口螺钉旋具在圆木台上面钻两个穿线孔；在固定圆木台的位置用冲击钻打 ϕ6 mm 的孔，深度约 25 mm，并塞进塑料胀管，将两根导线穿入圆木台孔内，圆木台的两线槽压住导线，用螺钉旋具、木螺钉对准胀管拧紧圆木台（见图 4-4-2）。

圆木台外形　导线在圆木台上的接线方法

图 4-4-2　圆木台的安装

2）安装吊线盒（挂线盒）。将圆木台孔上的两根电源线头穿入吊线盒的两个穿线孔内，用两个木螺钉将吊线盒固定在圆木台上（吊线盒要放正）。剥去绝缘约 20 mm，将两线头按对角线固定在吊线盒的接线螺钉上（顺时针装），并剪去余头压紧飞边。用花线或胶质塑料软线穿入吊线盒盖并结扣（承重），固定在吊线盒的另外两个接线柱上，然后拧紧吊线盒盖。

3）安装灯头。灯头一般在装吊线盒时事先装好，剪花线 0.7 m，一端穿入灯头盖并结扣，剥去绝缘皮层将两线头固定在灯头接线柱上（见图 4-4-2）。如果是螺钉口灯头相线（花线不带白点的那根线）应接在与中心铜片相连接的接线柱上，中性线接在与螺口相连的接线柱上，以避免触电。

4）安装开关。开关有明装（拉线开关）和暗装（扳把开关）之分，如图 4-4-3。开关控制相线，明装开关同安装吊线盒相似，先装圆木台再装开关，开关要装在圆木台的中心位置，拉线口朝下。暗装开关是在接线盒内接线，盒内导线要留有余量，扳柄向上（接通位置），线接好后再把开关用木螺钉固定在接线盒上。

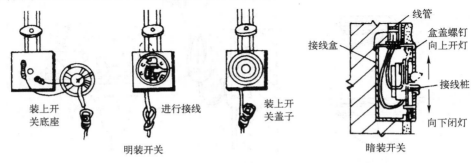

图 4-4-3　开关的安装

2. 荧光灯安装步骤及工艺要求

1）组装并检查荧光灯线路，若荧光灯部件是散件则要事先组装好。如果是套装，要检查一下线路是否正确、焊点是否牢固。组装时将所有电气元器件串联起来，若双管或多管则先单管串接，后多管并接，再接电源。

2）开关、吊线盒的安装，其方法同白炽灯相同，不再赘述。吊链或吊杆长短要相同，使灯具保持水平。注意：荧光灯灯脚挂灯管处有4个活动点，辉光启动器处有两个活动点，这是荧光灯接触不良易出故障的地方（见图4-4-4）。

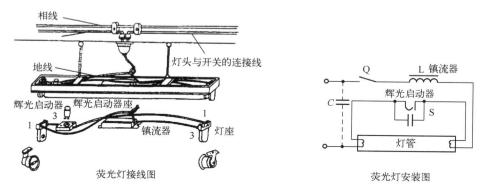

图 4-4-4　荧光灯的安装

3. 插头和插座的安装步骤与工艺要求

（1）插头

插头是为用电器具引取电源的插接器件。国家标准规定插头的形式为扁形插脚，为了保证用电安全，除了有绝缘外壳及低压电源（安全电压）的用电器具可以使用两极插头外，其他有金属外壳及可碰触的金属部件的电器都应用装有接地线的三极插头。

（2）插座

插座有明、暗之分，明插座距地面1.4 m，特殊环境（如幼儿园）距地面1.8 m；暗插座距地面0.3 m。插座又分单相和三相，单相有两孔的（一火一零）、三孔的（一火一零一地）、两孔和三孔合起来就是五孔的。四孔插座为三相的（三火一地），另外还有组合插座也叫多用插座或插排。安装时需要装圆木台的，如前面白炽灯的装法一样。因插座接线孔处有接线标志，如"L""N"等，可以对号入座，但需要注意的是导线的颜色不能弄错。一般中性线是"蓝""黑"色，相线是"黄""绿""红"三色，地线是"双色"，否则易造成短路或接地故障（见图4-4-5）。

图 4-4-5　插座的安装

（3）家用插座安装要求

① 普通家用插座的额定电流为10 A，额定电压为250 V。

② 插座的安装位置距地面高度，明装时一般应不小于1.3 m。以防儿童用金属丝（如铁丝）探试插孔而发生触电事故。

③ 对于电视、计算机、音响设备、电冰箱等，一般是安装带防护盖的暗插座，其距地面高度不应小于 200 mm。

④ 安装挂式空调，一般是就近安装明装单相插座（250 V，15 A）。

⑤ 安装柜式空调，一般是就近明装三相四极插座。

⑥ 微波炉单独安装插座。

⑦ 电饭煲、电炒锅、电水壶等电炊具一般设在厨房灶台上，它们的插座一般安装在灶台的上方，且距离台板面不小于 200 mm。

4.5 电表箱、配电箱（配电柜）的安装

电表箱、配电柜的安装也是室内配线的重要组成部分，技术含量相对要高些，一般与灯具安装同步进行，箱体的安装形式有悬挂式、镶嵌式、半镶嵌式、落地式等。

4.5.1 电表箱的安装

电表箱为了对用户用电量的计算而装，一般是一户一表，也有一个住户单元装一个总电表箱，便于抄表员抄表。电表箱内装有单相电表和控制开关。

4.5.2 单相电表的安装

单相电表结构简单便于安装，适用于居民家庭，有转盘数字式和液晶显示式。将电表和开关在箱体安装好后再进行接线，电表接线盒内有 4 个接线柱，从左至右 1、3 柱接电源，2、4 柱接负载，其结构、接线、安装如图 4-5-1 所示。

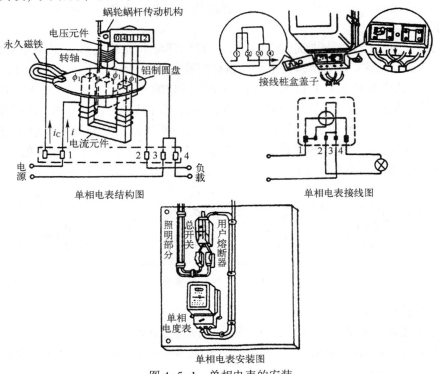

单相电表结构图　　单相电表接线图

单相电表安装图

图 4-5-1　单相电表的安装

4.5.3　照明开关的安装

开关是接通或断开电源的器件，开关大多用于室内照明电路，故统称室内照明开关，也广泛用于电气器具的电路通断控制。

1. 分类

开关的类型有很多，一般分类方式如下。

1）按装置方式分，有明装式（明线装置用）、暗装式（暗线装置用）、悬吊式（开关处于悬垂状态时用）、附装式（装设于电气器具外壳上）。

2）按操作方法分，有跷板式、倒板式、拉线式、按钮式、推移式、旋转式、触摸式、感应式。

3）按接通方式分，有单联（单投、单极）、双联（双投、双极）、双控（间歇双投）、双路（同时接通两路）。

明装式有拉线开关、扳把开关（又称平开关）等，暗装式多采用扳把开关（也称跷板式开关），按其结构分为单极开关、双极开关、三极开关、单控开关、双控开关、多控开关以及旋转开关等。常用开关如图4-5-2所示。

图4-5-2　常用开关

2. 单联开关的安装

单联开关控制一盏灯，接线时，开关应接在相线上，这样开关断开后，灯头上没有电，有利于安全。

3. 双联开关的安装

双联开关一般用在两处，用两只双联开关控制一盏灯。双联开关的安装方法与单联开关类似，但其接线较复杂。双联开关有三个接线端，分别与三根导线相接，注意双联开关中间铜片的接线柱（COM端）不能接错，一个开关的中间铜片接线柱应和电源相线连接，另一个开关的中间铜片接线柱与螺口灯座的中心弹簧片接线柱连接。每个开关还有两个接线柱用两根导线分别与另一个开关的两个接线柱连接。

双联开关可在两个地方控制一盏灯，这种控制方式通常用于楼梯处的电灯，在楼上和楼下都可以控制，如图4-5-3所示。

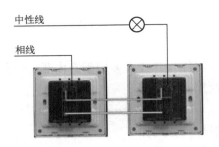

中性线

相线

图 4-5-3 双联开关在两个地方控制一盏灯

无论是明装开关还是暗装开关，开关控制的应该是相线，且在安装扳把开关时，装好后应该是往上扳电路接通，往下扳电路切断。

时下的住宅装饰几乎都是采用暗装跷板开关。从外形看，其扳把有琴键式和圆钮式两种。此外，常见的还有调光开关、调速开关、触摸开关、声控开关，它们均属暗装开关，其板面尺寸与暗装跷板开关相同。暗装开关通常安装在门边。为了开门后开灯方便，距门框边最近的第一个开关，距框边为 15~20 cm，以后各个开关相互之间紧挨着，其相互之间的尺寸则由开关边长确定。触摸开关、声控开关是一种自控关灯开关，一般安装在走廊、过道上，距地高度 1.2~1.4 m。

4.6 照明电路故障的检修

照明电路的常见故障主要有断路、短路和漏电三种。

4.6.1 断路

产生断路的原因主要是熔体熔断、线头松脱、断线、开关没有接通等，如果一个灯不亮而其他灯都亮，应首先检查是否灯丝烧断。若灯丝未断，则应检查开关和灯头是否接触不良、有无断线等。为了尽快查出故障点，可用验电笔测灯座（灯口）的两极是否有电，若两极都不亮，则说明相线断路；若两极都亮（带灯测试），则说明中性线断路，若一极亮一极不亮，则说明灯丝未接通。对于荧光灯来说，还应对其辉光启动器进行检查。如果几盏灯都不亮，应首先检查总熔体是否熔断或总开关是否接通，也可按上述方法用验电笔判断故障。

4.6.2 短路

造成短路的原因大致有以下几种。

1）用电器具接线不好，以致接头碰在一起。

2）灯座或开关进水，螺口灯头内部松动或灯座顶芯歪斜碰及螺口，造成内部短路。

3）导线绝缘层损坏或老化，并在中性线和相线的绝缘处碰线。

发生短路故障时，会出现打火现象，并引起短路保护动作（熔体烧断）。当发现短路打火或熔体熔断时应先查出发生短路的原因，找出短路故障点并进行处理后再更换熔体，恢复送电。

4.6.3 漏电

相线绝缘损坏而接地、用电设备内部绝缘损坏使外壳带电等原因，均会造成漏电。漏电不但造成电力浪费，还可能造成人身触电伤亡事故。

漏电保护装置一般采用剩余电流断路器。当漏电电流超过额定电流值时，漏电保护器动作切断电路。若发现漏电保护器动作，则应查出漏电接地点并进行绝缘处理后再通电。照明线路的接地点多发生在穿墙部位和靠近墙壁或天花板等部位。查找接地点时，应注意查找这些部位。

漏电的查找方法如下：

（1）首先判断是否确实漏电

可用500 V绝缘电阻表检测，看其绝缘电阻值的大小，或在被检查建筑物的总刀开关上接一只电流表，接通全部灯开关，取下所有灯，进行仔细观察。若电流表指针摇动，则说明漏电。指针偏转的多少，取决于电流表的灵敏度和漏电电流的大小。若偏转多则说明漏电大，确定漏电后可按下一步继续进行检查。

（2）判断漏电类型

判断是相线与中性线间的漏电，还是相线与大地间的漏电，或者是两者兼而有之。以接入电流表检查为例，切断中性线，观察电流的变化，若电流表指示不变，是相线与大地之间漏电；若电流表指示为零，是相线与中性线之间的漏电；若电流表指示变小但不为零，则表明相线与中性线、相线与大地之间均漏电。

（3）确定漏电范围

取下分路熔断器或闭合刀开关，电流表若不变化，则表明是总线漏电；电流表指示为零，则表明是分路漏电；电流表指示变小但不为零，则表明总线与分路均漏电。

（4）找出漏电点

按前面介绍的方法确定漏电的分路或线段后，依次拉断该线路灯具的开关，当拉断某开关时，观察电流表指针回零或变小，若回零则是这一分支线漏电，若变小则是除该分支漏电外还有其他漏电处；若所有灯具开关都拉断后，电流表指针仍不变，则说明是该段干线漏电。

依照上述方法依次把故障范围缩小到一个较短线段或较小范围之后，便可进一步检查该段线路的接头，以及电线穿墙处等有无漏电情况。当找到漏电点后，应及时妥善处理。

第5章 电子电路设计与制作

电子产品的设计内容既有综合性又有探索性，侧重于对理论知识的灵活运用，对提高学生的素质和科学实践能力非常有益。通过这种综合训练，可以使学生初步掌握电子系统设计的基本方法，提高动手组织实验的基本技能，对于提高学生的素质和科学实验能力非常有益。同时，这种训练也可以着力突出学生基础技能、设计性综合应用能力、创新能力和计算机应用能力的培养，以适应培养面向社会人才要求。

5.1 电子电路设计与制作的目的和一般流程

在学习了电类相关基础知识后，由学生分组独立完成一个课题的原理设计和实验调试任务。通过电子产品制作，让学生运用所学理论知识，进行实际电子电路的初步原理设计、电路仿真、PCB 设计制板、电子电路的安装和调试，既能加深学生对电路基础知识的理解，又能培养学生对电子电路的实践技能，从而提高学生分析问题、解决问题的能力。

5.1.1 电子电路设计与制作的目的

电子电路设计的目的是培养学生的自学能力，增强独立分析问题、解决问题及动手实践的能力。

1. 培养学生的自学能力

电子电路设计以学生自学为主，对于模拟电子电路和数字电路理论上讲授过的内容，设计时不必重复讲解，教师只要根据设计任务，提出参考书目，由学生自学。电子电路设计重点培养学生的自学能力，对于设计中的重点和难点，通过典型分析和讲解，启发学生自主思维，帮助学生掌握自学的方法。培养学生查阅文献资料的能力，遇到问题时，通过独立思考，借助工具书，得到满意的答案。

2. 提高独立分析问题、解决问题的能力

电子电路设计是一个动脑又动手的综合类实践项目，要提高学生独立分析问题、解决问题的能力，需要让学生在实践中开动脑筋，积极探索，充分发挥学习的主动性和创造性。在时间的安排上，要给学生留出时间去钻研问题，独立地解决实践中的问题。通过学生间的讨论交流，互相启发，集思广益。

3. 提高学生动手实践的能力

提高学生动手实践能力，关键是让学生把动脑和动手有机地结合起来。为了培养学生严谨的科学作风，从理论分析计算到动手实验，每一步都要按规定去做。由学生自选元器件及所需仪器设备，独立测量、调试并对实验结果做出分析和处理。让学生明确每一步操作的目的和应得到的结果，遇到问题能够找到原因并及时解决。通过设计，既可增加学生的动手能力，又能拓展理论知识。

5.1.2　电子电路设计与制作的一般流程

电子电路设计一般分为三个阶段：原理设计、实验调试、总结报告。

1. 原理设计

电子电路设计一般安排在一个学期内，视具体的条件而定，既可以集中进行也可以分散完成。原理设计环节可分散进行，实验及调试环节可集中进行。具体的设计通常分为以下三个阶段。

（1）布置设计任务书

教师向学生下发设计任务书，规定技术指标及其他要求。在设计任务书中，对系统应完成的设计任务进行具体分析，充分了解系统的性能、指标、内容及要求，以便明确系统应完成的任务。设计任务书应明确规定设计题目、设计时间、主要技术指标、给定条件和原始数据、所用仪器设备及参考文献等。

（2）选定设计方案

方案选择是根据掌握的知识和资料，针对系统提出的任务、性能和条件，完成系统的设计功能。教师帮助学生明确设计任务，讲授必要的电路原理和设计方法。启发学生的设计思路，由学生进行方案比较，并选定设计方案。在这个过程中，要勇于探索，敢于创新，力争做到设计方案合理、功能齐全、运行可靠。根据选定的设计方案，画出系统框图。框图要正确反映系统应完成的任务和各部分组成及其功能，清晰地标出信号的传输关系。

（3）分析计算

选定设计方案后，着手进行设计计算。系统是由单元电路组成的，为保证单元电路达到功能指标要求，需要用电子技术知识对参数进行计算，只有把单元电路设计好才能提高整体设计水平。在此过程中，使学生逐步掌握工程估算的方法，并能够根据计算的结果，按元器件系列及标称值合理地选取元器件。然后按照选取的元器件，对电路性能进行验算，如能满足性能指标，则可认为原理设计完成。

2. 实验调试

原理设计完成之后，即可开始实验安装调试。安装调试前，由指导教师介绍仪器设备及元器件的使用方法和使用注意事项，然后在教师的指导下，学生开始搭接电路，进行实验调试。利用电子仪表对电路的工作状态进行检查，排除电路中的故障，调整元器件，不断改进电路性能，使设计的电路实现设计的指标要求。

实验调试阶段是电子电路设计的难点和重点。这一阶段安排的时间较长，力求学生集中进行，便于教师的指导，通过实验调试，使学生掌握测量、观测的方法，学会查找电路问题并能分析问题及解决问题，逐步改进设计方案，从而掌握电子电路的一般调试规律，增强实践动手能力，实践表明，即使按照设计的参数安装，往往也难以达到预期的效果，必须通过安装后的测试和调整来发现和纠正设计中的不足和安装的不合理之处，然后采取措施加以改进，使系统达到预定的技术指标。

3. 总结报告

设计报告就是对设计的全过程做出系统的总结报告，是对学生书写科学论文和科研总结报告能力的训练。通过书写设计报告，不仅能把设计，组装、调试的内容进行全面的总结，而且能把实践内容上升到理论高度。设计报告的内容应包括以下几个方面：

1）设计任务书及主要技术指标和要求。

2）方案论证及整机电路工作原理。

3）单元电路的分析设计、元器件选取。

4）实际电路的性能指标测试。

5）设计结果的评价。

6）收获与心得体会。

在设计报告中，应说明设计的特点和存在的问题，提出改进设计的建议。对调试过程中出现的主要问题也应该做出分析，从理论和实践两个方面找出问题的原因并提出改进措施及其效果。设计报告的书写要做到文理通顺、文字简洁、符号标准、图表齐全、讨论深入、结论简明。

5.2 电子电路设计的基本方法

电子电路设计为学生创造了一个既动手又动脑，独立开展电子技术实验的机会。学生既可以运用实验手段检验原理设计中的问题，又可以运用学过的知识指导电路调试工作，使电路功能更加完善，从而使理论和实践有机地结合起来，锻炼分析和解决电路问题的实际本领，真正实现由知识向能力的转化。通过这种综合训练，学生既可以初步掌握电子系统设计的基本方法，也能够提高动手组织实验的基本技能，为以后参加各种电子竞赛以及进行毕业设计打下良好的基础。

5.2.1 模拟电路设计的基本方法

无论是在生产还是生活中，人们越来越多地使用电子设备和装置，如扩音机、录音机、示波器、信号发生器、报警器、温控装置等，这些都属于模拟电路。尽管用途不同，但从工作原理来看，有着共同之处。

1. 模拟电路的组成

模拟电路一般由传感器件、模拟电路（信号放大与变换电路）和执行机构组成，如图 5-2-1 所示。

图 5-2-1　模拟电路的组成框图

（1）传感器件

各种模拟电路都需要输入或产生一种连续变化的电信号，这种信号可以由专门的器件把非电的物理量转换为电量，这种器件通常称为传感器，如传声器、磁头、热敏器件、光敏器件等。也有些设备无须这种转换，而是直接由探头输入或电路本身产生电信号，如示波器、信号源等。

（2）模拟电路

模拟电路能把得到的电信号进行放大或者变换，通过对信号的放大或者变换，使信号具有足够大的能量，为实现人们所预期的功能服务。

（3）执行机构

电路中都设置了不同的执行机构，如扬声器、电铃、继电器、示波器、表头等，把传来的电能转换成其他形式的能量，以完成人们需要的功能。

2. 模拟电路设计的主要任务

电子系统中，无论是传感器送来的电信号，还是直接输入或电路本身产生的电信号一般都是十分微弱的，往往不能推动执行机构工作，而且有时信号的波形也不符合执行机构的要求，所以需要对这种信号进行放大或者变换，才能保证执行机构的正常工作。可见，信号放大和信号变换是模拟系统设计的主要任务。

3. 模拟电路设计的基本方法

随着生产工艺水平的提高，线性集成电路和各种具有专用功能的新型元器件迅速发展起来，给电子系统设计工作带来了很大的变革。但是，从现有的条件来看，集成元件的生产，无论品种还是数量，还不能满足电子技术发展的需求，所以，分立元件的电路还在大量的应用。而这种分立元件电路的设计方法，主要是运用基本单元电路的理论和分析方法，比较容易为初学设计者所掌握。另外，有助于学生熟悉各种电子器件，掌握电路设计基本程序和方法，学会布线、组装、测量、分析、调试等基本技能。任何复杂的电路，都是由简单的单元电路组合而成的。所以，要设计一个复杂的电子系统，可以先分解为若干具有基本功能的电路，如放大器、振荡器、整流器、波形变换电路等，然后分别对这些单元电路进行设计，使一个复杂任务变成多个简单任务。

在各种基本功能电路中，放大器是最基本的电路形式，其他电子线路多是由放大器组合或派生而成的。例如，振荡器是由基本放大器引入正反馈后形成的，恒压源、恒流源是由基本放大电路引入负反馈后形成的，多级放大电路是由基本放大电路通过直接耦合、阻容耦合及变压器耦合而成的。因此，基本放大电路的设计是模拟电路设计的基础与核心。

（1）明确系统的设计任务要求

对系统的设计任务进行具体分析，充分了解系统的性能、指标、内容及要求，以便明确系统设计应完成的任务。实现某一性能指标的电路，设计方案是多种多样的，设计的方法灵活性大，没有固定的程序和方法，通常根据给定的条件和要求的技术指标来加以确定。例如功率放大电路设计需要考虑的主要性能指标有：输出功率要足够大、效率要高及非线性失真要小。根据输出功率要求确定电路组成，大功率放大器一般选择变压器耦合乙类推挽电路。

（2）方案选择

方案选择是根据系统提出的任务完成系统的功能设计，把系统要完成的功能划分为若干单元电路，并画出能表示各功能单元的整机原理框图。在方案设计过程中，力争做到方案设计合理、可靠、经济、功能完备、技术先进，并针对设计方案不断进行可行性和优缺点的分析，最后设计出一个完整系统框图。框图包括系统的基本组成和各单元电路之间的相互关系，并能够正确反映系统应完成的任务和各组成部分的功能。

（3）确定元器件参数

根据系统的性能指标和功能框图，明确各单元电路的设计任务。根据学习过的理论知识，在对基本电路进行分析的基础上，根据各单元电路的性能指标要求，分别计算元器件参数。元器件参数的计算通常都是从输出级开始逐级向前计算，如大功率放大器，首先设计输出级，根据输出功率提出对晶体管参数的要求，再选择晶体管型号。然后按照输出级应当提供的功率指标和负载求得变压器的变比和功率级的元器件参数，最后根据输出级所需的激励功率、输出级的输入阻抗设计激励级。具体设计时，可以模拟成熟的电路，也可以根据设计需求进行改进与创新，但都必须保证性能要求。不仅要保证单元电路本身设计要合理，而且要保证各单元电路间要相互配合，注意各部分的输入信号、输出信号和控制信号的关系。只有很好地理解电路的工作原理，正确利用计算公式，计算的参数才能满足设计要求。

（4）元器件选取

理论计算出的参数值，往往不是元器件的标称值，必须根据参数的计算结果，按照元器件系列及标称值选取元器件。

1）阻容元件的选择。电阻和电容元件种类很多，不同的电路对电阻和电容的要求也不同。设计时要根据电路的要求选择性能和参数合适的阻容元件，并要注意功耗容量、频率和耐压范围是否满足要求。

2）分立元件的选择。分立元件包括二极管、晶体管、场效应晶体管、光电二极管、光电晶体管、晶闸管等，应根据设计要求分别选择。选择的器件种类不同，注意事项也不同。例如，选择晶体管时，要注意是 NPN 型还是 PNP 型，是高频管还是低频管，是大功率管还是小功率管，并注意相关参数是否满足电路设计的指标要求。

3）集成电路的选择。由于集成电路可以实现很多单元电路甚至整体电路的功能，所以选用集成电路来设计单元电路和整体电路既方便又灵活，不仅使系统体积减小，而且性能可靠，便于调试及运用。集成电路不仅要在功能和特性上实现设计方案，而且要满足功耗、电压、速度、价格等多方面的要求。集成电路的型号、原理、功能、特征可查阅相关手册。

（5）技术指标的校核

因选取的元器件的标称值同理论计算值不同，最后还需要按照实际选用的元器件标称值依据理论计算公式或工程估算公式进行校验核算，若符合指标要求可确定为预定设计方案。否则，需要重新设计及计算，再选择合适的元器件。

（6）电路图的绘制

电路图的绘制通常是在系统框图、方案选择、元器件参数计算、元器件选取、技术指标校核的基础上进行的，它是组装、调试和维修电路的依据。绘制电路图时应注意以下几点。

1）布局要合理。电路图的绘制要布局合理，有时一个总电路图是由几部分组成的，绘图时应尽量把电路图画在一张图纸上。如果电路图比较复杂，需绘制几张电路图，则应把主电路画在同一张图纸上，把一些比较独立或次要的部分画在另外的图纸上，在图的断口处做标记，标出信号从一张图到另一张图的引出点和引入点，说明各图样在电路连接之间的关系。为了便于看清各单元电路的功能关系，每一个功能单元电路的元器件应集中布置在一起，并按工作顺序排列，以利于对图的理解和阅读。

2）注意信号的流向。电路图一般应从输入端或信号源开始，由左至右或由上至下，按信号的流向依次画出各单元电路，反馈通路的信号流向则与此相反。

3）图形符号要标准。图形符号表示器件的概念，符号要标准，图中应加适当的标注。其中，电路图中的中、大规模集成电路器件，一般用框图表示，在方框中标出它们的型号，在方框的边线两侧标出每根线的功能名称及引脚号。

4）连线要规范。电路连线应为直线，并且交叉和折弯较少，一般不画斜线，互相连通的交叉点处用圆点表示。根据需要，可以在连接线上加注信号名和其他标记，表示其功能或去向。有的连线可用符号表示，如电源一般用电压数值表示，地线用符号表示。

设计的电路是否满足设计要求，必须通过组装、调试进行验证。模拟电路设计没有固定的模式，电路设计的性能指标要求往往是多方面的，有时这些要求之间又会相互矛盾。对一个实际电路而言，并非要求面面俱到，应该根据实际情况，分清主次，才能在设计中做出最佳的设计方案。

5.2.2 数字电路设计的基本方法

随着计算机技术的发展，数字系统在自动控制、广播通信和仪表测量等方面得到广泛的应用。设计与制造具有特定功能的数字电路，是电子工程技术人员必须掌握的基本技能。

1. 数字电路的组成

数字电子系统是运用数字电子技术实现某种功能的电子系统。在自动控制、广播通信和仪表测量等方面已经得到极为广泛的应用。从电路结构来看，多是由一些单元数字电路组成。因为各种系统功能不同，因此在具体电路组成上也有很大区别。但是从系统功能上来看，各种数字系统都有共同的原理框图（见图5-2-2）。从图中可以看出，数字电子系统分为以下几部分。

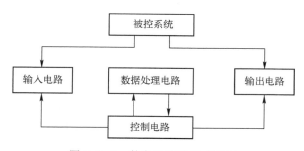

图5-2-2 数字电路的组成框图

（1）输入电路

输入电路包括传感器、A/D转换器和各种接口电路。其主要功能是将待测或被控的连续变化量转换成在数字电路中能工作和加工的数字信号。这一转换过程经常是在控制电路统一指挥下进行的。

（2）控制电路

控制电路包括振荡器和各种控制门电路。其主要功能是产生时钟信号及各种控制节拍信号。它是全电路的神经中枢，控制着各部分电路统一协调工作。

（3）数据处理电路

数据处理电路包括存储器和各种运算电路。其主要功能是加工和存储输入的数字信号和经过处理后的结果，以便及时地把加工后的信号送给输出电路或控制电路。它是实现各种计数、控制功能的主体电路。

（4）输出电路

输出电路包括 D/A 转换器、驱动电路和各种执行机构。其主要功能是将经过加工的数字信号转换成模拟信号，再做适当的能量转换，驱动执行机构完成测量和控制等任务。

以上几部分中，控制电路和数据处理电路是整个电路的核心环节。

2. 数字电路设计的主要任务

一般来说，数字电路装置的设计应当包括数字电路的逻辑设计、安装调试，最后做出符合指标要求的数字电路装置。电路的逻辑设计部分，也称为电路的预设计。电路的预设计有以下两部分任务要完成。

（1）数字电路的系统设计

根据数字装置的技术指标和给定的条件，选择总体电路方案。所谓总体方案就是按整机的功能要求，选定若干具有简单功能的单元电路，使其级联配合起来完成复杂的逻辑任务。

（2）单元电路的设计

根据单元电路的类型（组合电路/时序电路），将其逻辑要求用真值表、状态表、卡诺图等表示出来，然后用公式法或卡诺图法化简，求得最简的逻辑函数表达式，最后按表达式画出逻辑图。

由于数字集成电路的迅速发展，各种功能的单元电路已经由厂家制成中、大规模的器件大批生产，只要选取若干集成器件，很容易实现某些专用的逻辑功能。所以，要求设计者具有一定的集成电路的知识，熟悉各种集成器件的性能、特点和使用方法，以便合理选择总体方案，恰当地使用器件。当没有合适的集成器件组成单元电路时，仍需采用逻辑电路的一般设计方法，由基本逻辑门和触发器组成单元电路。

3. 数字电路设计的基本方法

（1）分析任务要求，确定总体方案

根据数字系统的总体功能，首先把一个较复杂的逻辑电路分解为若干个较简单的单元电路，明确各个单元电路的作用和任务，然后画出整机的原理框图。每个原理方框不宜分得太小、太细，以便选择不同的电路或器件，进行方案比较，同时也便于单元之间相互连接；但也不能太大、太笼统，使其功能过于繁杂，不便于选择单元电路。

（2）选择集成电路类型，确定单元电路的形式

按照每个单元电路的逻辑功能，选择一些合适的集成器件完成需要的工作。由于器件类型和性能的不同，需要器件的数量和电路连接形式也不一样。所以，需要将不同方案进行比较。一般情况下，选择性能可靠、使用器件少、成本低廉的方案。同时，也应考虑元器件容易替换、购置方便等实际问题。有的逻辑单元没有现成的集成器件可用，需要按一般逻辑电路设计的方法进行设计。但要充分利用已有条件和变量间的约束，求出最简表达式，最后实现逻辑电路时，应尽可能减少基本逻辑单元的数目和类型。

（3）单元电路的连接问题

各单元电路选定之后，还要认真解决它们之间的连接问题。要保证各单元之间在时序上协调一致，并能稳定工作，应当避免竞争冒险现象和相互之间的干扰。在电气特性上应该相互匹配，保证各部分的逻辑功能得以实现。同时注意计数器初始状态的处理，解决好电路的自启动问题。

（4）画出整机框图和逻辑电路图

以上各部分设计完毕之后，画出整机框图和逻辑图。框图能扼要地反映整机的工作过程和工作原理，要求清晰地表示出控制信息和数字信息的流动方向。逻辑电路图是电路的实施图纸，应当清晰、工整，符合电路图制图原则：

1）要标明输入端和输出端，以及信息流动方向。

2）通路尽可能用线连接，不便连接时，应在断口两端标出，互相连通的交叉线应打点标出。

3）同一电路分成两张以上图纸绘制时，应用同一坐标系统，并应标明信号的连接关系。

4）所使用的元器件逻辑符号应符合国家标准。

4. 组合逻辑电路的设计方法

在数字电路中，根据逻辑功能的不同特点，可以把数字电路分为两类，一类是组合逻辑电路（简称组合电路），另一类是时序逻辑电路（简称时序电路）。在组合电路中，任意时刻的输出信号取决于该时刻各个输入信号的取值，与电路原来的状态无关。由于电路中不含有记忆元件，所以输入信号作用前的电路状态，对输出信号没有影响，组合电路的设计是根据给定的实际逻辑问题，设计出满足这一逻辑功能的最简逻辑电路，所谓最简，是指电路所用的器件数最少，器件的种类最少，而且器件间的连线也最少，组合逻辑电路设计的基本方法如下：

（1）分析设计要求

在许多情况下，提出的设计要求是用文字描述的一个具有一定因果关系的事件，需要根据设计要求，把文字叙述的实际问题转换成用逻辑语言表达的逻辑功能。需要对各个条件和要求进行一定的抽象和综合，明确哪些是输入变量，哪些是输出变量，一般来说，总是把引起事件的原因定为输入变量，而把事件的结果作为输出变量，同时分析输入变量和输出变量之间的关系。

（2）列逻辑真值表

以二值逻辑的0、1两种状态分别表示输入变量和输出变量的两种不同状态，进行逻辑变量赋值，并按变量之间的关系列出逻辑真值表。至此，便将一个实际的逻辑问题抽象为一个逻辑函数了，且以真值表的形式给出。

（3）写出逻辑函数式

为了便于对逻辑函数进行化简和变换，需要把真值表转换为对应的逻辑函数式。

（4）选定器件的类型

为了产生所需要的逻辑函数，既可以用小规模集成的门电路组成相应的逻辑电路，也可以用中规模集成的常用组合逻辑器件构成相应的逻辑电路。应根据对电路的具体要求和器件的资源情况决定采用哪一种类型的器件。

（5）逻辑函数化简

由真值表列出函数表达式进行化简时，根据变量的数量选择不同的化简方法。一般变量较少时，采用卡诺图方法，简单易行。变量超过五个时，通常采用公式法进行化简或变换。

在进行函数化简或变换过程中，需要注意：

1）充分利用逻辑变量之间的约束条件化简函数，以便得到比较简单的表达式。

2）结合给定或选用的元器件类型，求得最佳逻辑表达式。

在使用小规模集成的门电路进行设计时，为获得最简的设计结果，应将函数式化成最简形式，即函数式中相加的乘积项最少，而且每个乘积项中的因子也最少。在使用中规模集成的常用组合逻辑电路设计时，需要把函数式变换为适当的形式，以便能用最少的器件和最简的连线接成所要求的逻辑电路。

（6）画出逻辑电路的连接图

按照化简后的最简逻辑表达式，画出逻辑电路图。

（7）工艺设计

为了把逻辑电路实现为具体的电路装置，还需要做一系列的工艺设计工作，包括机箱面板、电源、显示电路、控制开关等，最后完成组装与调试。

组合逻辑电路的设计，应是在电路级数允许的条件下，使用器件少，电路简单，成本低廉。如果器件数目相同，输入端总数最少的方案较佳。

5. 时序逻辑电路的设计方法

在数字电路中，任一时刻的输出信号不仅取决于该时刻的输入信号，而且还与电路原来的状态有关，这种电路称为时序逻辑电路，简称时序电路。从电路的组成来看，时序逻辑电路不仅包含组合电路，还包含具有记忆功能的存储电路，因此时序电路的分析与设计比组合逻辑电路的分析与设计要复杂。

（1）时序电路的分析方法

1）时序逻辑电路的描述方法。为了描述时序电路的逻辑功能，通常需要用三个逻辑方程式表达。

① 输出方程表示输出量与输入量及存储电路的现态之间的关系。

② 状态方程表示存储电路的次态与它的现态及驱动信号之间的关系。

③ 驱动方程表示存储电路的驱动信号与输入变量及存储电路的现态之间的关系。

上述三个方程可以全面地反映时序逻辑电路的功能，为了更加直观、形象，还需要借助于一些图表来描述时序逻辑电路的功能。

① 状态表用表格形式反映电路的输出、次态和输入、现态的对应取值关系。

② 状态图用几何图形反映状态转换规律及相应输入、输出取值的情况。

③ 时序图用随时间变化的波形图来表达时钟信号、输入信号、输出信号及电路状态等取值的关系，又称为工作波形图。

2）时序电路的分析方法。分析时序逻辑电路就是求出给定时序电路的状态表、状态图或时序图，从而确定电路的逻辑功能和工作特点。一般分析步骤如下：

① 写逻辑方程式。从给定的电路中，首先根据触发器的类型和时钟触发方式，写出触发器的特性方程，以及各触发器的时钟信号和驱动信号的表达式，并根据电路写出输出信号的逻辑表达式。

② 求状态方程。将驱动方程代入相应触发器的特性方程，求得各个触发器次态的逻辑表达式，即状态方程。状态方程必须在时钟信号满足触发条件时才成立。

③ 依次按现态和输入的取值求次态和输出。根据给定的输入条件和现态的初始值依次求次态和输出，如果没有给出以上条件，则依次按假设现态和输入的取值，求出相应的次态和输出。计算过程不要漏掉任何可能出现的现态和输入的取值组合，并且均应把相应的次态

和输出求出。

④ 列状态表、画状态图（或时序图）。状态表表示输入、现态和时钟条件满足后的次态及输出的取值关系，其中，输出是现态的函数，即输出取值是由输入和现态决定的。根据状态表画状态图或时序图。

⑤ 说明逻辑功能。根据分析结果，说明时序电路的逻辑功能和特点。

（2）同步时序逻辑电路的设计方法

时序逻辑电路的设计是时序逻辑电路分析的逆过程，根据设计所要求的逻辑功能，画出实现该功能的状态图或状态表，然后进行状态化简及状态分配，求状态方程、输出方程并检查能否自启动，求各个触发器的驱动方程，最后画出逻辑电路图设计所得到的设计结果，应力求简单。当选用小规模集成电路做设计时，电路最简的标准是所用的触发器和门电路的数目最少，而且触发器和门电路的输入端数目也最少。当使用中、大规模集成电路时，电路最简的标准是使用的集成电路数目最少，种类最少，而且相互间的连线也最少。

1）逻辑抽象。分析给定的逻辑问题，确定输入变量、输出变量以及电路的状态数，一般取原因作为输入变量，取结果作为输出变量。定义输入、输出逻辑状态和每个状态的含义，并将电路状态顺序编号。

2）列出原始状态图或状态表。根据设计功能要求，确定输入变量和输出变量、现态、次态及它们之间的逻辑关系，列出满足设计要求的状态图或状态表。

3）状态化简。在初步建立的状态表或状态图中，常有多余的状态。状态越多，设计的电路需要的触发器数目越多。因此，在满足设计要求的前提下，状态越少，电路越简单。

4）状态编码。按照化简后的状态数，确定触发器的数目，并选择触发器的类型，进行状态编码，列出编码状态转换表。状态分配的情况直接关系到状态方程和输出方程是否最简，实现方案是否最经济，往往需要仔细考虑，多次比较才能确定最佳方案。

5）选定触发器类型。因为不同功能的触发器其驱动方式是不同的，所以用不同类型触发器设计出的电路也不一样。因此，在设计具体的电路前，必须选定触发器的类型。选择触发器类型时，应考虑到器件的供应情况，并应力求减少系统中使用的触发器种类。

6）求状态方程、输出方程、驱动方程。用卡诺图或公式法对状态表化简，求出次态的逻辑表达式和输出函数的表达式。根据所选触发器的类型，从状态方程求出各个触发器的驱动方程。

7）画逻辑电路图。根据得到的方程式画逻辑电路图。

8）检查电路能否自启动。如果电路不能自启动，需要采取措施加以解决。可以在电路开始工作时通过预置数将电路的状态置成有效循环中的某一种，或通过修改逻辑设计加以解决。

（3）异步时序逻辑电路的设计方法

在异步时序逻辑电路中，各触发器的时钟脉冲不是同一个信号，而是根据翻转时刻的需要引入不同的触发信号。异步时序电路的设计，要把时钟脉冲作为未知量适当选择，其他步骤与同步时序电路相似，电路组成较同步时序电路简单。其设计方法如下：

1）分析设计要求，建立原始状态图。

2）确定触发器的数目及类型，选择状态编码。

3）画时序图，选择时钟脉冲。

4）求状态方程、输出方程，检查能否自启动。

5）求驱动方程。

6）画逻辑电路图。

5.2.3 Multisim 电路设计与仿真

限于篇幅，本书以满足电工电子学实验为目的，以 NI 公司 2015 年推出的 Multisim 14.0 汉化版本为基础介绍 Multisim 的基本功能和基本操作，其内容也基本适用于 Multisim 的其他版本，更详细的使用说明请查阅相关文档。

用一个案例（模拟小信号放大及数字计数电路）来演示 Multisim 仿真大体流程，这个案例来自 Multisim 软件自带的 Samples，Multisim 也有对应的入门文档（Getting Started）。只要用户安装了 Multisim 软件，就会有这样的一个工程在软件里，这样就不需要搜索相关案例来学习。

单击执行菜单"File" → "Open samples…"命令即可弹出"打开文件"对话框，单击"Getting Started" → "Getting Started Final"选项（Final 为最终完成的仿真文件）打开即可，如图 5-2-3 所示。

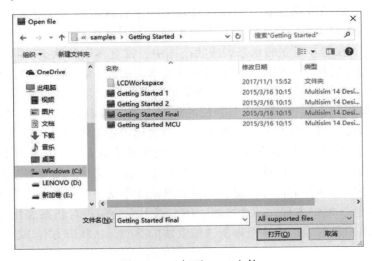

图 5-2-3　打开 Final 文件

将要完成的仿真电路如图 5-2-4 所示。

1. 新建仿真文件

首先我们打开 Multisim 软件，如图 5-2-5 所示，默认有一个名为 Design1 的空白文件已经打开在工作台（WorkSpace）中。

这个名为"Design1"的文件是没有保存的，我们先将其保存起来，并将其重新命名。单击执行菜单"File" → "Save as"命令即可弹出如图 5-2-6 所示的"另存为"对话框，选择合适的路径，并将其命名为"MyGettingStarted"，最后单击"保存"按钮即可。

主界面如图 5-2-7 所示，可以看到"Design1"文件名已经被更改为"MyGetting-Started"。

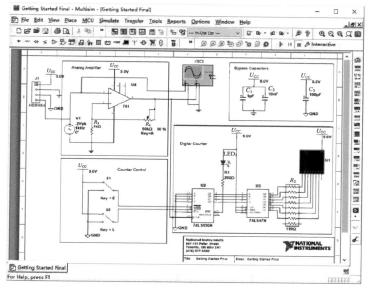

图 5-2-4　要完成的仿真电路

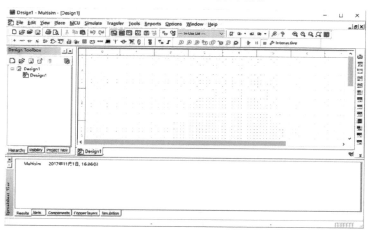

图 5-2-5　Multisim 软件界面

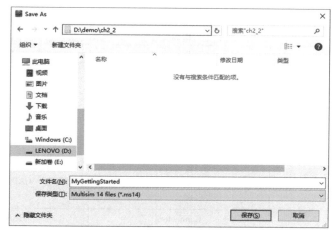

图 5-2-6　另存界面

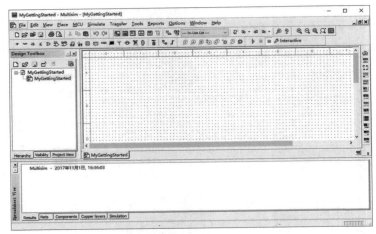

图 5-2-7　主界面

2. 放置元器件

仿真文件新建完成后，下一步应该将电路相关的元器件从器件库中调出来。表 5-2-1 为本电路中所有元器件在库中的位置，熟悉 Multisim 软件的读者可以直接根据表中信息进行查找并调出相应的元器件。

表 5-2-1　标识符和元器件信息表

标识符与元器件 （RefDes and Component）	组 （Group）	系列 （Family）
LED1－LED_blue	Diodes	LED
U_{CC} GND－DGND GRROUND	Sources	POWER_SOURCES
U1－SEVEN_SEG_DECIMAL_ COM_A_BLUE	Indicators	HEX_DISPLAY
U2－74LS190N U3－74LS47N	TTL	74LS
R1－200 Ω	Basic	RESISTOR
R2－8Line_Isolated	Basic	RPACK
R3－1 k	Basic	RESISTOR
R4－50 k	Basic	RESISTOR
S1，S2－SPDT	Basic	SWITCH
U4－741	Analog	OPAMP
V1－AC_VOLTAGE	Sources	SIGNAL_VOLTAGE_ SOURCES
C1－1 μF C2－10 nF C3－100 μF	Basic	CAP_ELECTROLIT
J1－HDR1X4	Connectors	HEADERS_TEST

单击执行菜单"Place"→"Component"命令即可打开"Select a Component"（选择元器件）对话框。首先如图 5-2-8 所示选择"Indicators"→"HEX_DISPLAY"→"SEVEN_SEG_DECIMAL_COM_A_BLUE"选项，再单击"OK"按钮即可。

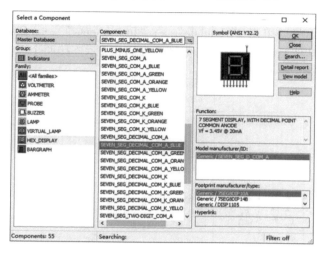

图 5-2-8　选择元器件

此时元器件在光标上呈现为虚线等待用户确定放置的位置。在此过程中，如果元器件有必要进行旋转或镜像等操作，可以使用通用的〈Ctrl+R〉、〈Ctrl+X〉、〈Ctrl+Y〉等快捷键。

将光标移动到工作台的合适位置，再左键单击即可放置此元器件，可以看到，此元器件的标识符是 U1，如图 5-2-9 所示。

接着依次放置元器件，调整元器件位置及方位。

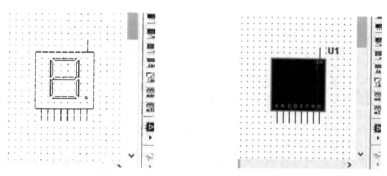

图 5-2-9　放置的元件

3. 连接电路

所有的元器件都有用来连接其他元器件或仪器的引脚。与其他原理图或 PCB 设计工具不同的是，连接操作不需要特殊的工具，只要光标放在元器件的某个引脚上方，光标就会变成十字准线，再单击→移动→单击操作即可完成引脚的连接操作了。

将光标移动到电阻 R_1 的下侧引脚上，此时光标将会变成图 5-2-10 所示的十字准线，单击后（放开）即有一根线粘在十字准

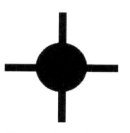

图 5-2-10　十字准线

线上，再移到 U2 的第 13 脚上再单击一下，此两个引脚之间的连接即完成了（见图 5-2-4）。

4. 电路仿真

电路设计仿真可以提前发现设计中的错误，节省时间与成本。这里我们首先对电路进行完善工作。

添加示波器观察信号。单击"Simulate" → "Instruments" → "Oscilloscope"即可添加虚拟示波器，与放置其他元器件一样，再如图 5-2-11 所示连接两个通道的信号即可。

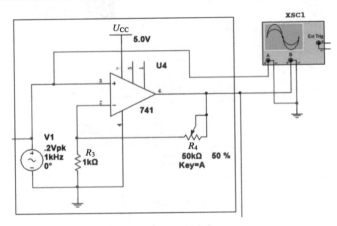

图 5-2-11　示波器观测波形

一切都已经准备就绪，单击执行菜单"Simulate" → "Run"命令即可开启电路的仿真了。双击上一步中添加的示波器，即可弹出如图 5-2-12 所示的窗口。

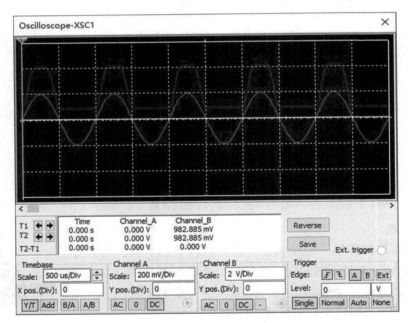

图 5-2-12　示波器中显示的仿真波形

5.3 电子电路的识图方法

电子电路的识图，就是对电路进行分析。识图能力体现了对所学知识的综合应用能力。通过识图，可以提高评价性能优劣的能力和系统集成的能力，为电子电路在实际中的应用提供有益的帮助。

5.3.1 电路图简介

一张电路图通常有几十乃至几百个元器件，它们的连线纵横交叉，形式变化多端，初学者往往不知道该从什么地方开始，怎样才能读懂它。其实电子电路本身有很强的规律性，不管多复杂的电路，经过分析可以发现，它是由少数几个单元电路组成的。好像积木，虽然只有十来种或二三十种模块，却可以搭成几十乃至几百种平面图形或立体模型。

1. 电路图的概念

电路图又称作电路原理图，是一种反映电子设备中各元器件电气连接情况的图。电路图由一些抽象的符号，按照一定的规则构成。通过对电路图的分析和研究，可以了解电子设备的电路结构和工作原理。因此，看懂电路图是学习电子技术的一项重要内容，是进行电子制作或维修的前提。

2. 电路图由哪些要素构成

一张完整的电路图是由若干要素构成的，这些要素主要包括图形符号、文字符号、连线以及注释性字符等。

（1）图形符号

图形符号是构成电路图的主体。图 5-3-1 为功率放大电路，电路图中各种图形符号代表了组成功率放大电路的各个元器件。例如"—▭—"表示电阻器，"—||—"表示电容器。各个元器件图形符号之间用连线连接起来，就可以反映出功率放大电路的结构，即构成了功率放大电路的电路图。

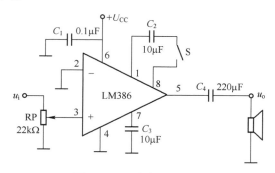

图 5-3-1　功率放大电路

（2）文字符号

文字符号是构成电路图的重要组成部分。为了进一步强调图形符号的性质，同时也为了分析、理解和阐述电路图的方便，在各个元器件的图形符号旁，标注有该元器件的文字符号。例如"R"表示电阻器，"C"表示电容器，"L"表示电感器，"VT"表示晶体管，

"IC"表示集成电路等。

（3）注释性字符

注释性字符也是电路图的重要组成部分，用来说明元器件的数值大小或者具体型号。例如图5-3-1中，通过注释性字符即可知道，电容器 C_1 的数值为 $0.1\,\mu F$，电容器 C_2 的数值为 $10\,\mu F$，集成电路IC的型号为LM386等。

3. 电路图的画法规则

除了规定统一的图形符号和文字符号外，电路图还遵循一定的画法规则。了解并掌握电路图的一般画法规则，对于看懂电路图是必不可少的。

（1）电路图的信号处理流程方向

电路图中信号处理流程的方向一般为从左到右，即将先后对信号进行处理的各个单元电路，按照从左到右的方向排列，这是最常见的排列形式。

（2）连接导线

元器件之间的连接导线在电路图中用实线表示。导线的连接与交叉如图5-3-2所示，图5-3-2a横竖两导线交点处画有一圆点，表示两导线连接在一起。图5-3-2b两导线交点处无圆点，表示两导线交叉而不连接。导线的T字形连接如图5-3-2c所示。

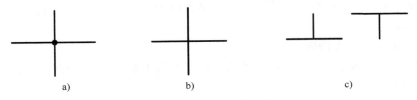

图 5-3-2　导线的连接与交叉

a）两导线连接　b）两导线交叉（不连接）　c）T字形连接

（3）电源线与地线

电路图中通常将电源引线安排在元器件的上方，将地线安排在元器件的下方，如图5-3-3a所示。有的电路图中不将所有地线连在一起，而代之以一个个孤立的接地符号，如图5-3-3b所示，应理解为所有接地符号是连接在一起的。

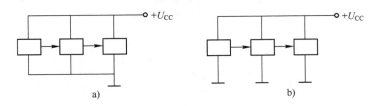

图 5-3-3　电源线与地线的连接示例

5.3.2　识图的步骤

掌握了以上的基础知识，就可以对电路图进行完整分析了。下面介绍看电路图的基本方法与步骤。

在分析电子电路图时，首先将整个电路分解成若干具有独立功能的单元电路，进而弄清楚每一单元电路的工作原理和主要功能，然后分析各单元电路之间的联系，从而得出整个电路所具有的功能和性能特点，必要时再进行定量估算。

1. 了解功能

了解所读电路用途，对于分析整个电路的工作原理、各部分功能以及性能指标均有指导意义。对于已知电路均可根据其使用场合大概了解其主要功能，有时还可以了解电路的主要性能指标。

2. 判断信号处理流程方向

根据电路图的整体功能，找出整个电路图的总输入端和总输出端，即可判断出电路图的信号处理流程方向。

3. 划分单元电路

一般来讲，晶体管、集成电路等是各单元电路的核心元器件。因此，我们可以以晶体管或集成电路等主要元器件为标志，按照信号处理流程方向将电路图分解为若干个单元电路，并据此画出电路原理框图。框图有助于我们掌握和分析电路图。

4. 单元电路分析

分析各单元电路的工作原理和主要功能。分析功能不但要求读者能够识别电路的类型而且还要能分析电路的性能特点，这是确定整个电路功能和性能的基础。

5. 分析直流供电电路

电路图中通常将电源安排在右侧，直流供电电路按照从右到左的方向排列。

6. 整体电路分析

首先，将各单元电路用框图表示，并采用适合的方式，如文字、表达式、曲线、波形等表述其功能。然后，根据各单元电路的联系将框图连接起来，得到整体电路的框图。由框图不仅能直观地看出各单元电路如何相互配合以实现整体电路的功能，还可定性地分析出整个电路的性能特点。

7. 性能估算

对各单元电路进行定量估算，从而得到整个电路的性能指标。从估算过程可以获知每一单元电路对整体电路的某一性能产生怎样的影响，为调整、维修和改进电路打下基础。

5.3.3 电路的基本分析方法

1. 基本电路

以模拟电路为例，基本电路包括：基本放大电路、电流源电路、集成运算放大电路、有源滤波电路、正弦波振荡电路、电压比较器、非正弦波发生电路、波形变换电路、信号转换电路、功率放大电路、直流电源。

2. 基本分析方法

（1）小信号情况下的等效电路法

用半导体的低频小信号模型取代放大电路交流通路中的晶体管，即可得到放大电路的交流等效电路，由此可估算放大倍数、输入电阻和输出电阻。

（2）反馈的判断方法

反馈的判断方法包括有无反馈、反馈元件、正反馈和负反馈、直流反馈和交流反馈、电压反馈和电流反馈、串联反馈和并联反馈。正确判断电路中引入的反馈是分析电路的基础。

（3）集成运放应用电路的识别方法

根据集成电路处于开环还是闭环及反馈的性质，可以判断电路的基本功能。若引入负反馈，则构成运算电路，可实现信号的比例、加法、减法、积分、微分、指数、对数、乘法和除法等运算功能；若引入正反馈或处于开环状态，则构成电压比较器，可实现波形变换功能。

（4）运算电路运算关系的求解方法

在运算电路中引入深度负反馈时，可认为集成运放的净输入电压为零（即虚短），净输入电流为零（即虚断）。以虚短和虚断为基础，利用基尔霍夫电流定律或叠加定理即可求出输出与输入的运算关系式。

（5）电压比较器的电压传输特性的分析方法

求解电压比较器的电压传输特性采用三要素法，即输出的高低电平、阈值电压和输出电压在输入电压过阈值时的跃变方向。

（6）波形发生电路的判振方法

对于正弦波振荡电路，首先判断波形发生电路的基本组成是否包含了基本放大电路、反馈网络、选频网络和稳幅环节，然后判断放大电路是否处于放大模式，再判断电路是否符合正弦波振荡的相位条件，最后看幅值条件是否满足。只有上述条件都满足，电路才能产生稳定振荡。

（7）功率放大电路的最大输出功率和转换效率的分析方法

首先求出最大不失真输出电压，然后求出负载最大输出功率，再求得电源的平均输出功率与电源的平均功率之比即为转换效率。

（8）直流电源的分析方法

直流电源的分析方法包括整流电路、滤波电路、稳压管稳压电路、串联型直流稳压电路、三端稳压电路和开关型稳压电路的分析方法。针对不同的电路分别采用对应的分析方法，得出它们的主要参数。

5.4　认识面包板和万能板

面包板、万能板是电子设计实验阶段常用的两种电路连接载体。

5.4.1　面包板

面包板是实验室中用于搭接电路的重要载体，熟练掌握面包板的使用方法是提高实验效率、减少实验故障出现概率的重要基础之一。下面就面包板的结构和使用方法做简单介绍。

1. 面包板的外观

如图 5-4-1 所示，常见的最小单元面包板分上、中、下三部分，上面和下面部分一般是由一行或两行的插孔构成的窄条，中间部分是由一条隔离凹槽和上下各 5 行的插孔构成的宽条。面包板插孔所在的行列分别以数码和文字标注，以便查对。

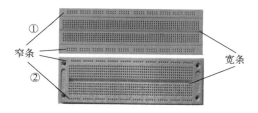

图 5-4-1　面包板的外观

2. 面包板的内部结构

窄条上下两行之间电气不连通。每 5 个插孔为一组（通常称为"孤岛"），通常面包板上有 10 组，如图 5-4-2 所示。这 10 组"孤岛"一般有 3 种内部连通结构：

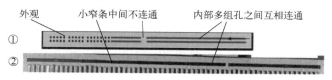

图 5-4-2　面包板窄条内部结构

1）左边 5 组内部电气连通，右边 5 组内部电气连通，但左右两边之间不连通，这种结构通常称为 5-5 结构。

2）左边 3 组内部电气连通，中间 4 组内部电气连通，右边 3 组内部电气连通，但左边 3 组、中间 4 组及右边 3 组之间是不连通的，这种结构通常称为 3-4-3 结构。

3）还有一种结构是 10 组"孤岛"都连通，这种结构最简单。

宽条是由中间一条隔离凹槽和上下各 5 行的插孔构成。在同一列中的 5 个插孔是互相连通的，列和列之间以及凹槽上下部分是不连通的。外观及结构如图 5-4-3 所示。

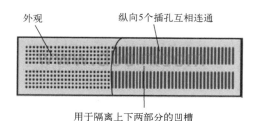

图 5-4-3　面包板宽条内部结构

3. 面包板的使用

使用的时候，通常是两窄一宽组成的小单元，在宽条部分搭接电路的主体部分，上面的窄条取一行作为电源，下面的窄条取一行作为地线，使用时注意窄条的中间有不连通的部分。

在搭接数字电路时，有时由于电路的规模较大，需要多个宽条和窄条组成的大面包板，但在使用时同样是两窄一宽同时使用，两个窄条的第一行和地线连接，第二行和电源相连。由于集成电路电源一般在上面，接地在下面，如此布局有助于将集成电路电源脚和上面第二行窄条相连，接地脚和下面窄条的第一行相连，减少连线长度和跨接线的数量。中间宽条用于连接电路，由于凹槽上下是不连通的，所以集成块一般跨插在凹槽上。5-5面包板的整体结构示意图如图5-4-4所示。

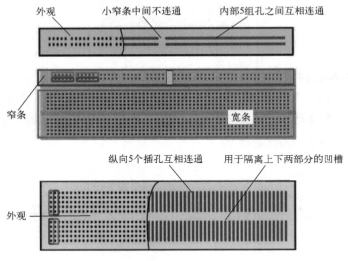

图 5-4-4　5-5 面包板的整体结构示意图

4. 面包板布线的几个原则

在面包板上完成电路搭接，不同的人有不同的风格。但是，无论什么风格、习惯，完成的电路搭接必须注意以下几个基本原则：

1）连接点越少越好，每增加一个连接点，实际上就人为地增加了故障概率。面包板孔内不通，导线松动，导线内部断裂等都是常见故障。

2）方便测试，5个孤岛一般不要占满，至少留出一个孔，用于测试。

3）布局尽量紧凑，信号流向尽量合理。

4）布局尽量与原理图近似，这样有助于在查找故障时尽快找到元器件位置。

5）电源区使用尽量清晰。在搭接电路之前，首先将电源区划分成正电源、地、负电源3个区域，并用导线完成连接。

5. 导线的剥头和插法

面包板宜使用直径0.6mm左右的单股导线，根据导线的距离以及插孔的长度剪断导线，要求线头剪成45°斜口，线头剥离长度约6mm，要求全部插入底板以保证接触良好。裸线不宜露在外面，防止与其他导线短路。

6. 集成电路的插法

由于集成电路引脚间的距离与插孔位置有偏差，必须预先调整好位置，小心插入金属孔中，不然会引起接触不良，而且会使铜片位置偏移，插导线时容易插偏。此原因引起的故障占总故障的60%以上。

对多次使用过的集成电路的引脚，必须修理整齐，引脚不能弯曲，所有的引脚应稍向外偏，这样能使引脚与插孔可靠接触。所有集成电路的插入方向要保持一致，不能为了临时走线方便或缩短导线长度而把集成电路倒插。

7. 分立元件的插法

安装分立元件时，应便于看到其极性和标志，将元件引脚理直后，在需要的地方折弯。为了防止裸露的引线短路，必须使用带套管的导线，一般不剪断元件引脚，以便于重复使用。一般不要插入引脚直径大于 0.8 mm 的元件，以免破坏插座内部接触片的弹性。

8. 导线选用及连线要求

根据信号流向的顺序，采用边安装边调试的方法，元器件安装之后，先连接电源线和地线，为了查找方便，连线尽量采用不同颜色，例如，正电源采用红色绝缘皮导线，负电源用蓝色，地线用黑色，信号线用黄色，也可根据条件，选用其他颜色。

连线要求紧贴在面包板上，以免碰撞弹出面包板，造成接触不良。必须使连线在集成电路周围通过，不允许跨接在集成电路上，也不得使导线互相重叠在一起，尽量做到横平竖直，这样有利于查线、更换元器件及连线。

9. 电源处理

最好在各电源输入端与地之间并联一个容量为几十微法的电容，这样可以减少瞬变过程中电流的影响，为了更好地抑制电源中的高频分量，应该在该电容两端再并联一个高频去耦电容，一般取 0.01~0.047 μF 的独石电容。

面包板的标准搭接样本展示如图 5-4-5、图 5-4-6 所示。

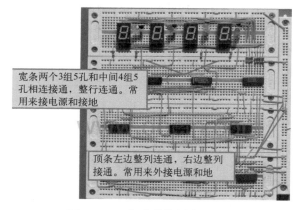

图 5-4-5　标准搭接样本展示 1

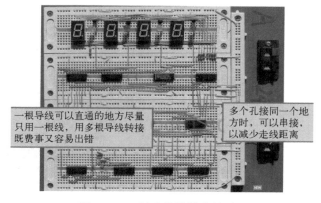

图 5-4-6　标准搭接样本展示 2

10. 辅助工具与器材

在使用面包板连接电路时，需要使用面包板、剥线钳、偏口钳、扁嘴钳、镊子、直径为 0.6 mm 的单股导线等工具与器材，如图 5-4-7 所示。

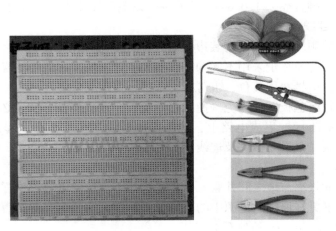

图 5-4-7　面包板及辅助工具

偏口钳与扁嘴钳配合用来剪断导线和元器件的多余引脚。钳子刃面要锋利，将钳口合上，对着光检查时应合缝不漏光。剥线钳用来剥离导线绝缘皮；扁嘴钳用来弯直和理直导线；钳口要略带弧形，以免在勾绕时划伤导线；镊子是用来夹住导线或元器件的引脚送入面包板指定位置的。

5.4.2　万能板

在设计开发电子产品的时候，由于需要做一些实验，让厂家打印 PCB 太慢，而且实验阶段经常改动也不方便，所以就诞生了万能板。

万能板是按照固定距离在一个 PCB 上布满焊盘孔，每个焊盘孔之间没有连接，如图 5-4-8 所示。

使用的时候，把器件焊接在万能板上面，然后用电烙铁把需要连接的引脚连接起来，这样就组成了一个电路，如图 5-4-9 所示。

图 5-4-8　万能板

图 5-4-9　用万能板连接电路

万能板焊接时，一般使用插件电子器件，使用贴片封装的电子器件，容易造成短路。另外，万能板只能作为临时实验测试使用，由于其容易老化、易折损，不能够作为真正的产品使用。随着科技的进步，现在 PCB 打印很方便，价格也不贵，越来越多的人在使用打印的 PCB。

具体电路焊接方法见焊接技术及工艺一节。

5.5 印制电路板设计工艺与制作

印制电路板是电子元器件的载体，在电子产品中既起到支撑与固定元器件的作用，同时也起到元器件之间的电气连接作用，任何一种电子设备几乎都离不开电路板。随着电子技术的发展，制板技术也在不断进步。

制板技术通常包括电路板的设计、选材及加工处理三部分，三者中任何一个环节出现差错都会导致电路板制作失败，因此，掌握制板技术对于从事电子设计的工作者来说很有必要，特别是对本科生来说，掌握手工制板技术，就可以在实验室把自己的创作灵感迅速变成电子作品。

5.5.1 电路板简介

1. 电路板的种类

电路板的种类按其结构形式可分为 4 种：单面印制板、双面印制板、多层印制板和软印制板。4 种印制板各有优劣，各有其用。其中，单面印制板和双面印制板制造工艺简单、成本较低、维修方便，适合实验室手工制作，可满足低档电子产品和部分高档产品的部分模块电路的需要，应用较为广泛，如电视机主板、空调控制板等。

多层印制板安装元器件的容量较大，而且导线短、直，利于屏蔽，还可大大减小电子产品的体积。但是其制造工艺复杂，对制板设备要求非常高，制作成本高且损坏后不易修复。因此其应用仍然受限，主要应用于高档设备或对体积要求较高的便携设备，如计算机主板、显卡、手机电路板等。

软印制板包括单面板和双面板两种，制作成本相对较高，并且由于其硬度不高，不便于固定安装和焊接大量的元器件，通常不用在电子产品的主要电路板中。但由于其特有的软度和薄度，给电子产品的设计与使用带来很大的方便。目前，软印制板主要应用于活动电气连接场合和替代中等密度的排线（如手机显示屏排线，MP3、MP4 显示屏排线等）。

2. 电路板的基材

电路板由电路基板和表面敷铜层组成。用于制作电路基板的材料通常简称基材。将绝缘的、厚度适中的、平板性较好的板材表面采用工业电镀技术均匀地镀上一层铜箔后便成了未加工的电路板，又叫"敷铜板"，如图 5-5-1 所示。在敷铜板铜箔表面贴上一层薄薄的感光膜后便成了常用的"感光板"，如图 5-5-2 所示。不论是敷铜板还是感光板，其基材的好坏都直接决定了制成电路板的硬度、绝缘性能、耐热性能等，而这些特性又往往会影响电路板的焊接与装配，甚至影响其电气性能。因此，在制作印制电路板之前，首先必须根据实际需要选择一种合适的基材制成的敷铜板或感光板。

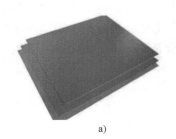
a)

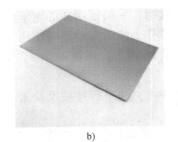
b)

图 5-5-1　敷铜板

a）单面敷铜板　b）双面敷铜板

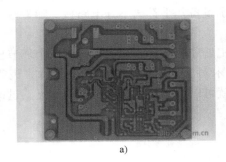
a)

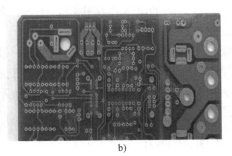
b)

图 5-5-2　感光板

a）单面感光板　b）双面感光板

高压电路应选择高压绝缘性能良好的电路基板；高频电路应选择高频信号损耗小的电路基板；工业环境电路应选择耐湿性能良好，漏电小的电路基板；低频、低压电路及民用电路应选择经济型电路基板。

实验室用的单面感光板的基板一般采用环氧-芳族聚酰胺纤维材料制成。该类型基板绝缘性较好、成本低、硬度高、合成工艺简单、耐热、耐腐蚀，尺寸通常为 15 cm×10 cm，但该基板较脆、易裂，裁切时要小心操作。

双面感光板基板通常为环氧-玻璃纤维材料，该类型基板柔韧性好、硬度较高、介电常数高、成本低，尺寸通常为 15 cm×10 cm，但其导热性能较差。

5.5.2　制板技术简介

制板技术是指依据 PCB（Printed Circuit Board）图将敷铜板加工成电路板的技术。按照制板方法的不同，制板技术大致可分为两大类：手工制板和工业制板。

1. 手工制板技术

手工制板技术主要指借助小型的制板设备，使用敷铜板或感光板依照 PCB 加工成印制电路板的技术。该技术容易掌握，耗材少，成本低，速度快，不受场地限制；但由于其不适合批量加工，精度偏低，因此这种技术主要应用于学校制作实验板。下面介绍用多功能环保型快速制板系统制板的手工制板方法。

多功能环保型快速制板系统是一种集单/双面板曝光、显影、蚀刻、过孔于一体的快速制板系统。使用该设备制板具有操作简便、制作速度快、成功率高、环保无污染等几大优点。使用该设备制板一般采用感光板，主要操作流程如下：

（1）打印 PCB 图

用黑白激光打印机将 PCB 图以 1:1 的比例打印在胶片上，如图 5-5-3 所示。单面板打印一张，即底层（Bottomlayer）和多层（Multilayer）；双面板需打印两张，一张为底层（Bottomlayer）和多层（Multilayer），另一张为顶层（Toplayer）和多层（Multilayer），其中打印顶层时须选择镜像打印。

（2）PCB 图样对孔

双面板须将打印了顶层图和底层图的两张胶片裁剪合适（每边多留 2 cm 左右），打印面相对朝内合拢，对着光线校准焊盘，使顶层和底层胶片的焊盘重合并用透明胶带将两张胶片粘贴到一起，粘贴时应粘相邻两边或两条窄边和一条长边，粘好后再次进行仔细校对。单面板则无须进行对孔操作。

（3）裁剪感光板

根据 PCB 图的大小，用裁板机（见图 5-5-4）或锯条等工具切割一块大小合适的感光板（板面大小以每边超出 PCB 图中最边沿信号线 5 mm 左右为宜）。

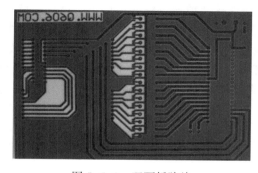
图 5-5-3　双面板胶片

图 5-5-4　裁板刀

（4）感光板曝光

1）单面板曝光时，开启曝光机电源开关，抽出曝光抽屉并打开盖板，撕去感光板的保护，将感光板放在抽屉玻璃板中心，使涂有深绿色感光剂的一面朝上，然后将胶片的黑色图面朝向感光板铺好，并使该图位于板面中心。盖上抽屉盖板，关上左右铁栓，按下曝光机面板上的抽真空按钮，待抽屉中胶片和感光板基本吸紧后将抽屉推入到底。按下曝光机上的"开始"按钮开始曝光，屏幕上会显示曝光倒计时时间，曝光结束后按操作台上任意键退出。

2）双面板曝光时，开启曝光机电源开关，抽出曝光抽屉并打开盖板，撕去感光板两面的保护膜，将感光板塞入已贴好的两张胶片中的适当位置（所有线路均在感光板范围内并居中）。将感光板连同胶片一起置于曝光抽屉已打开的玻璃板中心位置，盖上抽屉盖板，关上左右铁栓，按下曝光机面板上的抽真空按钮，待抽屉中胶片和感光板基本吸紧后将抽屉推入到底。按下曝光机上的"开始"按钮开始曝光，屏幕上会显示曝光倒计时时间，曝光结束后按操作台上任意键退出。

（5）感光板显影

感光板显影是使曝光的感光膜脱落，留下有电路线条部分的感光膜。感光板曝光结束后，抽出曝光机抽屉，弹起抽真空按钮，打开抽屉铁栓，取出感光板，撕去胶片，在感光板边角位置钻一个 1.5 mm 左右的孔，用绝缘硬质导线穿过此孔，拴住感光板，放入显影槽中进行显影，然后，打开制板机的显影加热和显影气泡开关，加快显影速度，提高显影效果，每隔 30 s 将感光板取出观察，待感光板上留下了绿色的线路，其余部分全部露出红色的铜箔，表示显影完毕。显影完毕后应立即用清水冲洗板面残留的显影液，不得用任何硬物擦洗。

（6）蚀刻感光板

感光板蚀刻就是使没有感光膜保护的铜箔腐蚀脱落，留下有感光膜保护住的铜箔线条。有绿色感光剂附着的铜箔不会被腐蚀，裸露的铜箔则被蚀刻液腐蚀脱落。感光板开始蚀刻时，拿住拴板的细导线，将电路板浸没在蚀刻液中进行腐蚀，每 3 min 左右拿出来观察一次，待电路板上裸露的铜箔全部腐蚀完毕即可。注意：操作时应防止电路板掉入蚀刻槽内，如无须过孔可直接进行第（8）步操作。

（7）过孔

过孔是将电路板的孔壁均匀镀上一层镍，使电路板上下两层线路连通。将蚀刻好的电路板用清水冲洗后晾干，使用防镀笔在电路板表层涂抹防镀液，涂完后烘干，重复涂抹烘干三次，使防镀层达到一定厚度。防镀液烘干后先进行第（8）步钻孔操作，完成后用清水冲洗电路板，再进行如下操作：表面处理剂处理→清水冲洗→活化处理→清水冲洗→剥膜处理→清水冲洗→前处理，以上操作完成后可将电路板用绝缘细线拴住，置于过孔槽中进行镀镍，镀镍完毕后（需 30~60 min），用清水冲洗电路板并晾干，再将电路板表面均匀涂抹一层酒精松香溶液即可。至此，电路板制作完毕。

（8）钻孔

将蚀刻好的电路板洗净、擦干，用台钻钻好焊盘中心孔、过孔及安装孔，注意：钻孔时要确保钻头中心和孔中心对准，如图 5-5-5 所示。

（9）电路板线路处理

电路板线路处理是指除去线路表面的感光膜，防止铜箔线氧化电路板处理时，用海绵沾上适量的酒精，擦拭电路板表面，待绿色感光膜全部溶解，露出红色的铜箔线路即可。为防止铜箔氧化，可在电路板表面均匀地涂抹一层酒精松香溶液，如图 5-5-6 所示。

图 5-5-5　台钻

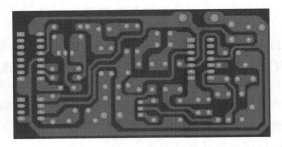

图 5-5-6　已涂酒精松香溶液的单面电路板

2. 感光板简易制板法

感光板简易制板法速度快、耗材少、成本低、制作工艺简单，可用来制作单面板和双面板，但不能过孔。该方法使用的化学药剂腐蚀性较强，制板过程中需要戴橡胶手套，并须防止化学药剂溅到皮肤或衣物上，具体操作如下：

1）PCB 图打印、PCB 图样对孔、裁板、曝光等操作。

2）显影操作。用自配的 NaOH 溶液显影，使感光膜上已曝光的感光膜脱落。戴上橡胶手套，用手握住感光板，浸没在 NaOH 溶液中，左右晃动，并实时观察显影情况。待感光板上只剩下绿色的线路，露出红色的铜箔，即可将电路板取出，用清水冲洗。

3）蚀刻操作。将电路板上露出的铜箔在酸液中腐蚀掉，留下感光膜保护住的线路。该步骤采用的是浓盐酸、过氧化氢和清水的混合酸溶液（1:1:3）。此溶液腐蚀性极强，进行蚀刻时要戴好橡胶手套，再将电路板握住并置于配好的腐蚀液中进行蚀刻。蚀刻时要一直观察蚀刻情况，待红色铜箔完全蚀刻脱落，取出电路板，用清水冲洗后晾干。

4）钻孔操作。钻好电路板上焊盘中心孔、过孔和安装孔。

5）电路板线路处理。

3. 热转印制板法

热转印制板法是一种速度快、成本低、设备少、使用普通敷铜板就能加工 PCB 的制板方法，但该方法不便于对孔，只适于制作单面板。具体制作方法如下：

1）打印 PCB 图。用黑白激光打印机将 PCB 图以 1:1 的比例打印在热转印纸或相纸光面上（打印底层和多层）。

2）裁剪电路板。根据 PCB 图的尺寸，用裁板机或锯条等工具切割一块大小合适的电路板，板面大小以每边超出 PCB 图中最边沿信号线 5 mm 左右为宜。

3）热转印。热转印是指将打印出的 PCB 图通过加热加压的方法使其从纸上转移至电路板的铜箔上。

① 将裁好的敷铜板铜箔面用细砂纸打磨光滑，去掉氧化层，并用纸巾将表面擦拭干净。

② 将图的打印面朝向铜箔面，并使线路位于敷铜板的正中位置，用透明胶带将热转印纸和敷铜板粘牢。

③ 将敷铜板连同热转印纸一同塞入已预热的热转印机中进行热转印。待转印完成后冷却 2 min 左右即可剥去热转印纸，此时，转印纸上黑色的线条便已脱落粘贴到敷铜板的铜箔上，若没有热转印机则可用熨斗代替。使用熨斗时注意不能喷水，熨斗加热面必须用力压在热转印纸上，并来回慢慢移动，务必保证每个部位都压到，转印时间约需 3 min。

4）蚀刻。蚀刻是指将有黑色碳粉附着的铜箔线路保护起来，并将未保护的铜箔全部腐蚀掉。用小型台钻在电路板的边角位置钻一个 $\phi 1.5$ mm 左右的孔，用绝缘细导线将电路待裸露的红色铜箔全部腐蚀掉即可。蚀刻液可采用盐酸和过氧化氢，三氯化铁等。

5）钻孔。

6）电路板线路处理。

4. 雕刻机制板法

雕刻机制板法是通过专用控制软件导入 PCB 图、控制雕刻刀将敷铜板表面不需要的铜箔剔除的制板方法。该方法操作简单、自动化程度高、不需要化学药剂。但是，由于其制作成本高、噪声大、时间长、精度低，因而使用较少。一般来说，制作一块 100 cm^2 左右的中等密度的电路板就需要 2~4 h。

雕刻机（见图 5-5-7）基本操作方法如下：

1）将 PCB 文件导入雕刻机控制软件中。

2）将敷铜板固定在雕刻机的台面上，敷铜面朝上。选择合适的刀具，并在软件界面上选择相应的刀具尺寸。

3）利用控制软件对雕刻机进行定位，使雕刻机的活动范围在敷铜板的范围内。

4）在软件界面上调整好刀具深度等参数，单击"开始"按钮即可进入自动雕刻，雕刻过程中如出现过深或过浅的情况可使用雕刻机面板上的旋钮进行实时调整。

图 5-5-7　雕刻机

5）雕刻完毕后更换钻头，设置好板厚等参数，单击"钻孔"按钮进行钻孔操作。

6）钻孔完毕后，如需裁边，更换刀具并单击"裁边"按钮进行电路板的裁剪处理。

7）对雕刻好的电路板进行去氧化膜和防氧化处理。

5.5.3　工业制板技术

工业制板技术近些年来发展迅速，许许多多的工业制板设备不断涌入市场，给电路板的制作带来了很大方便。工业制板技术主要包含小型工业设备制板和工厂大批量制板两大种类，具体介绍如下：

1. 小型工业制板技术

小型工业制板技术是指利用小型成本较低的设备，制作成几乎符合工业制板标准电路板的一种技术。采用这种技术制成的电路板在外观和性能上都比手工制板高很多，几乎可与工厂制板媲美。但是，这种制板技术工序依旧比较复杂，并且制作周期也较长，因而在实验室制板中也不常用。本书仅以科瑞特公司生产的小型工业制板设备为例，简单介绍其制板方法。制板方法具体步骤如下：

步骤一：数控钻孔。根据生成的 PCB 文件的钻孔信息，快速、精确地完成钻孔任务，具体操作如下。

1）裁板下料：根据 PCB 图的大小裁板，每边多留 20 mm 左右以便粘贴胶布。

2）固定电路板：用胶布将电路板固定在数控钻孔机的平台上，尽量横平竖直。

3）定位：打开钻孔软件，结合软件和钻头的位置，给钻头设定一个在电路板上的原点，并使用软件定位功能，使钻孔机的最大运动范围都在电路板板面上。

4）钻孔：单击软件中的"钻孔"按钮直至钻孔完成。

5）处理：取下电路板，抛光，烘干。

步骤二：化学沉铜。通过一系列化学处理方法在非导电基材上沉积一层铜，继而通过后续的电镀方法加厚，使之达到设计的特定厚度，具体操作如下。

1）预浸：为有效湿润孔壁，增加孔壁上的电荷量，将烘干后的电路板用挂钩挂好置于碱性溶液预浸槽中，打开设备相应的开关，等待预浸完成后取出烘干。

2）黑孔：将烘干后的电路板浸入装有高密度碳溶液的黑孔槽中，打开设备相应的开关，使孔壁能吸附较多的高密度碳，增强孔壁导电性，黑孔完毕后取出烘干。

3）微蚀：将烘干后的电路板置于装有有机酸溶液的微蚀槽中40 s左右，取出电路板用水冲洗，抹去板面上的高密度碳后进行烘干。

4）加速：将烘干后的电路板置于有机酸加速槽中10 s左右即可去除板面上的氧化层，取出电路板用清水冲洗后烘干。

步骤三：化学电镀铜。利用电解的方法使电路板表面以及孔内形成均匀、紧密的金属铜，具体操作如下：

1）电镀铜：将烘干的电路板用夹子夹住置于镀铜溶液中，设置好设备镀铜电流为$1.5 \sim 4\,A/dm^2$，等待$20 \sim 30\,min$，直到都镀上铜为止。

2）处理：取出电路板，用清水冲洗后烘干并抛光。

步骤四：转移线路图。将菲林纸上的线路图转移到电路板上，具体操作如下。

1）打印菲林图：用激光打印机将设置好的PCB图打印到菲林纸上（单面板只需要打印一张图，包含BottomLayer、Multilayer、KeepOutLayer层；双面板还需要打印一张图，包含：Toplayer、MultiLayer，KeepOutlayer层，打印时要选择镜像打印）。

2）印刷感光油墨：用黄色丝网在丝网机上给电路板的铜箔面刮上一层感光油墨，并用烘干机烘干。

3）曝光显影：将菲林图与电路板贴好（黑色线条面朝向感光油墨面，保证所有焊盘的孔与板上孔对齐），置于曝光机中曝光，双面板的两面都要曝光；曝光完成后将电路板置于显影槽中显影，显影完毕后电路板上便留下绿色线路（即未被曝光的感光油墨），已曝光部分则露出红色的铜。取出电路板用清水冲洗、烘干。

步骤五：电路板蚀刻。将电路板上线路以外的铜去掉，留下未曝光的感光油墨覆盖住的线路图，蚀刻液为碱性腐蚀液，主要成分为氯化铵。蚀刻步骤具体操作如下：

1）蚀刻：将电路板置于蚀刻槽中，打开设备相应的开关进行加热和对流，以加快蚀刻速度，蚀刻完成后电路板上只剩下表层为绿色的线路，线路以外的铜箔已被腐蚀，露出基板的本色。

2）抛光：将蚀刻好的电路板用清水冲洗后再用抛光机抛光并烘干。

步骤六：化学电镀锡。化学电镀锡主要是为了在可用电路板的焊盘和铜箔线上镀上一层锡，防止铜箔被氧化，同时有效地增强电路板的可焊接性（如无须镀锡，跳过此步骤即可），具体步骤如下：

1）去膜：用海绵蘸上酒精，将附着在铜箔线路表层的感光油墨擦除，露出红色铜箔。

2）镀锡：将电路板置于镀锡槽中进行镀锡，方法与步骤三的化学电镀铜相同。

3）处理：镀锡完成后清洗并烘干即可。

步骤七：丝网印刷。在电路板上印刷感光阻焊油墨和热固化文字油墨（不需要刷阻焊层和文字油墨时可跳过此步骤）。丝网印刷步骤具体操作如下。

1）感光阻焊油墨印刷：选择白色丝网，电路板固定在丝网下方，调整高度使电路板和丝网接近并相平，用刮刀在电路板上的丝网表面来回刮一次感光阻焊油墨，取出电路板烘干，然后用菲林图（只保留焊盘层并反白打印）盖住电路板并对齐后进行曝光和显影，使焊盘部分裸露出来即可，取出电路板烘干。

2）热固化文字油墨：文字油墨印刷与感光阻焊油墨印刷的方法类似，只是打印菲林胶片时要注意选择需要打印的层。

2. 工厂批量制板技术

工厂批量制板通常是建立在昂贵的制板设备的基础上的，它具有生产成本低、速度快、效率高、精度高等特点。但由于其设备多，加工数量大，通常需要许多的人力参与，一般来说，工厂的电路板生产过程都采用流水线的形式进行。由于工厂制板过程较为复杂，下面只对其主要流程进行简要的描述。

1）下料。将电路板按照规定尺寸切割后进行磨边，酸性除油、除尘，微蚀，风干等操作，以保证板材的稳定性、干净度等。

2）开孔。使用 CCD 自动钻孔机将板材上所有钻孔按照实际大小和位置开好，并重新将电路板进行水洗，风干，平整等。

3）光绘。通过专用机器将需要加工的 PCB 图制成 PCB 线路图胶片。

4）曝光、显影。将胶片上的线路转移到电路板上，使电路板的线路部分附着防腐蚀的膜，显影完后进行水洗、风干。

5）蚀刻。将电路板上非线条部分的铜箔腐蚀，剩下铜箔线条，并进行水洗、风干。

6）镀铜。将电路板通过化学药剂处理后首先进行孔化，使电路板的孔壁镀上薄薄的一层铜。然后采用电镀方法继续对孔壁和线路部分的铜箔进行加厚。镀铜完后继续水洗、风干。

7）丝网印刷。根据 PCB 图制作好需要印刷文字的丝网和印刷阻焊层油墨的丝网。将阻焊层印刷完后烘干，再进行文字印刷并烘干。

8）焊盘处理。将焊盘部分的铜箔氧化层去除后，用锡锅或喷锡的方式给电路板的焊盘和过孔均匀地镀上一层锡。如果需要镀金，则应使用电镀方法先给焊盘镀上一层薄薄的镍后再镀上足够厚的金。

9）飞针测试。使用飞针测试仪对已制好的电路板进行测试，以确保线路无短路断路情况。

10）切板，磨边。将制好的电路板按机械边框大小切割后将电路板的四边打磨平整，并进行水洗，风干等。

11）出厂检验，包装。将制好的电路板按规格和数量使用塑料薄膜进行打包，防止运输磨损等。

以上即是对工厂制板流程的简要描述。因此，工厂制板一般要达到一定的数量才会启动设备制作。

5.5.4　制板要求

1. 实验室制板要求

实验室制板主要是满足实验课程、课程设计、电子设计竞赛、创新实践活动的需要。由于实验板对场地、环境、使用寿命、工艺精度等要求不高，因此市场上所有的覆铜板、感光板都能满足实验制板的需要。

目前，大部分高校均采用蚀刻制板系统或雕刻机，这两种制板设备在制板时存在工艺精度低，金属化过孔、丝印、阻焊、镀锡处理复杂等问题。为保证 PCB 制作的成功率，实验室 PCB 制板要求如下：

1）线宽一般应大于 0.5 mm（20 mil⊖）。

⊖　1 mil = 0.0254 mm。

2）焊盘外径一般大于 2 mm（79 mil）。

3）过孔尽量少，直径一般应大于 1.8 mm（71 mil）。

4）两线之间的距离大于 10 mil。

5）两焊盘中心距离大于 100 mil。

6）尽量设计成单面板。

7）双面板顶层应尽量少走线。

8）实验室制板一般不具备金属化过孔的制作条件，可采用人工过孔的方法，即在过孔上焊短路线，将板的两边的焊盘连接在一起。

9）板面尺寸设计适当。

10）制板过程中的每个环节都应认真细致，规范操作。

如果不按以上要求操作，可能造成制作的电路板短路、断线、焊接困难等问题，甚至会造成皮肤受伤、衣物受损等安全事故。

2. 民用产品和工业设备制板要求

民用产品和工业设备均属于产品，在制板方面相对来说要求比较高。选择制作产品的电路板时必须综合考虑其质量、使用寿命、使用环境等因素。从这些方面综合考虑，要求电路板在设计与制作时必须做到设计合理（保证原理的正确性、保证大功率发热元器件正常工作、保证大电流线路宽度、抗干扰性强等）、铜箔质量好、板材质量优、抗腐蚀性、抗振动性强等。

总之，实验室的电路如需用在产品中，则制板方面需要考虑的因素大大增加，要设计出一款成熟、稳定、经得起考验、性价比高的产品还是非常不简单的。

5.5.5 PCB 绘图软件简介

早期的 EDA 企业有 1000 多家，后来仅存 10 家左右。其中 Cadence、Mentor、Zuken 主要面向高端用户，他们的软件要求在工作站上运行，操作系统都是 Umix，而且价格昂贵。而 Protel、PowerPCB 等则主要面向低端用户，对计算机的配置要求不高，一般在 Windows 下运行，普通的 PC 就可以很好地满足要求。

随着 CPU 和相关计算机硬件水平的不断提高，Cadence、Mentor、Zuken 开始推出 Windows 下的产品，这方面 Cadence 发展比较快。发展到 2000 年左右，EDA 产业进行了较大革新，上面的几家公司也顺应时代发展的需要进行了重组。从市场占有率来说，Mentor 公司现在市场占有率最高，Cadence 公司第二，Zuken 公司第三。单个的 PCB 工具，Allegro 在中国高端用户中占有率应该是最高的，其次是 PowerPCB，Protel 则在中国使用的人比较多，还有德国的一个小软件 Eagle 在欧美地区也是非常流行的。现对 Cadence、Mentor 和 Zuken 三大公司产品做简单介绍。

Mentor 公司的产品主要包括 Boardstation（EN）和 Expeditionpcb（WG）以及收购来的 Pads（PowerPCB），EN 是一种效率非常高的高端 PCB 绘制软件，对于只考虑工期不考虑成本，经常设计 8 层至 12 层高端 PCB 的通信和军工研究所来说用得比较多。WG 是目前公认的较好的布线工具。PowerPCB 用的人也非常多。Mentor 公司收购 PowerPCB 后，继续朝两个大方向发展，高端的产品还是原来的 Mentor，现在最新版为 MentorEN2006；低端的产品还是 PowerPCB，不过给其赋予了新的名字叫 Pads2005，最新的版本为 Pads2007，但是 Pad2005sp2 相对来说是一个比较稳定的版本。

Cadence 公司的产品主要是 Concept、Allegro 和收购来的 Orcad。尽管多年前 PowerPCB 才是业界标准，但最近几年 Allegro 的使用也变得异常火爆，特别是现在计算机主板及显卡等附加值高的产品基本都采用 Allegro 软件绘图，Cadence 公司收购了 Orcad，并将 Oread（强项为原理图设计），Capture CIs 和 Cadence（即原来的原理图设计软件 Concept HDL），PCB 工具 Allegro 及其他信号仿真等工具一起推出并统称为 Cadence PSD，现在又叫 SPB，其最新版本为 SPB16.0，连 Orcad 也集成到了 SPB 里。从 SPB15.5 开始就已没有了 Orcad 这个概念，以前的 Orcad Capture CIS 现在也更名为 Design Entry CIS。

Zuken 来自日本的 EDA 公司，它的高端产品为 Cr5000，低端产品为 CadStar。除了日资公司和与日本有业务往来的企业外还有许多公司也采用了 Zuken 的软件，如 LG、NOKIA，国内的一些研究所及一些电视机企业等。

PCB 设计绘制电路板的技巧对于每一位电子爱好者来说都是非常重要的，它在整个电子领域占据着不可替代的重要地位。由此可见，要成为电子领域顶尖级人才，首先就得学好一种 PCB 制板软件。

5.6 焊接技术及工艺

各种电子产品都是由一个个小小的电子元器件和小电路组成的，只要有一个焊点虚焊就是不合格的产品。虽然大批量生产电子产品已采用自动化焊接，工艺水平高，质量有保证，但在生产、生活和制作修理中，手工焊接的地位还无法取代。焊接技术是学生在电子技术课中从事电子制作十分重要的基本功，提高焊接质量，不仅提高了电子产品制作质量，而且能使学生养成遵守操作规程的良好习惯和质量意识，为今后进入电子制作理论与实践的领域创造良好的开端。

5.6.1 焊接工具

1. 电烙铁

（1）电烙铁的分类

电烙铁是手工焊接的基本工具，是根据电流通过发热元件产生热量的原理而制成的，一般分为外热式和内热式两种，另外还有恒温式、吸锡式等类型。外热式电烙铁的烙铁头是插在电热丝里面，它加热较慢，但相对比较牢固。内热式电烙铁的烙铁芯是在烙铁头里面，如图 5-6-1 所示。烙铁芯通常采用镍铬电阻丝绕在瓷管上制成，外面再套上耐热绝缘瓷管。烙铁头的一端是空心的，它套在芯子外面，用弹簧夹紧固。由于烙铁芯装在烙铁头内部，热量完全传到烙铁头上，升温快，热效率高达 85%~90%，烙铁头部温度可达 50℃左右，20 W 内热式电烙铁的实用功率相当于 25~40 W 的外热式电烙铁。

 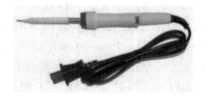

图 5-6-1　内热式电烙铁

（2）烙铁头的选择与修整

选择烙铁头的依据是：应使它尖端的接触面积小于焊接处（焊盘）的面积。烙铁头接触面过大，会使过多的热量传导给焊接部位，损坏元器件及印制板。一般来说，烙铁头越长、越尖，则温度越低，需要焊接的时间越长；反之，烙铁头越短、越粗，则温度越高，焊接的时间越短。

烙铁头使用一段时间后，由于高温和助焊剂的作用，烙铁头会被氧化，使表面凹凸不平，这时就需要修整。修整的方法一般是将烙铁头拿下来，根据焊接对象的形状及焊点的密度，确定烙铁头的形状和粗细。用锉刀修整，修整过的烙铁头要马上镀锡。

（3）电烙铁的摆放

焊接操作时，电烙铁一般放在方便操作的右方烙铁架中，与焊接有关的工具应整齐有序地摆放在工作台上。

内热式电烙铁的常用规格为 20 W、30 W、50 W 等几种。电工电子实验室中常用的是 30 W 内热式电烙铁。

2. 焊接材料

焊接材料包括焊料、焊剂和阻焊剂。

（1）焊料

焊料是易熔金属，熔点低于被焊金属。焊料熔化时，在被焊金属表面形成合金而与被焊金属连接到一起。焊料按成分可分为锡铅焊料、铜焊料、银焊料等。在一般电子产品装配中，主要使用锡铅焊料，俗称焊锡。

手工焊接常用的焊锡丝，是将焊锡制成管状，内部充加助焊剂，如图 5-6-2 所示。

图 5-6-2　焊锡丝

（2）焊剂

焊剂又称为助焊剂，一般是由活化剂、树脂、扩散剂、溶剂四部分组成。它是清除焊件表面的氧化膜，保证焊锡浸润的一种化学剂。其作用是除去氧化膜、防止氧化、减小表面张力，使焊点美观。

（3）阻焊剂

阻焊剂是一种耐高温的涂料，使焊料只在需要的焊点上进行焊接，把不需要焊接的部位保护起来，起到一种阻焊作用。印制板上的绿色涂层即为阻焊剂。

5.6.2　焊接技术

1. 电烙铁的使用方法

（1）电烙铁的握法

根据电烙铁大小的不同和焊接操作时的方向和工件不同，可将手持电烙铁的方法分为反握法、正握法和握笔法三种，如图 5-6-3 所示。为了人体安全烙铁离开鼻子的距离通常以 30 cm 为宜。反握法动作稳定，长时间操作不宜疲劳，适合于大功率烙铁的操作。正握法适合于中等功率烙铁或带弯头电烙铁的操作。一般在工作台上焊印制板等焊件时，多采用握笔法。

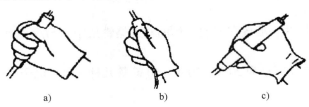

图 5-6-3　电烙铁的握法
a）反握法　b）正握法　c）握笔法

（2）焊锡的基本拿法

焊锡一般有两种拿法。焊接时，一般左手拿焊锡，右手握电烙铁。进行连续焊接时采用图 5-6-4a 的拿法，这种拿法可以连续向前送焊锡。图 5-6-4b 所示的拿法一般在只焊接几个焊点或断续焊接时使用，不适合连续焊接。

图 5-6-4　焊锡的基本拿法
a）连续焊接时　b）断续焊接时

2. 焊接操作步骤

（1）手工锡焊过程

在工厂中，常把手工锡焊过程归纳成八个字"一刮、二镀、三测、四焊"。

1）刮就是处理焊接对象的表面。焊接前，应先对被焊件表面进行清洁处理，有氧化层的要刮去，有油污的要擦去。

2）镀就是指对被焊部位进行搪锡处理。

3）测是指对搪过锡的元件进行检查，检查在电烙铁高温下是否损坏。

4）焊是指最后把测试合格的、已完成上述三个步骤的元器件焊到电路中去。焊接完毕要进行清洁和涂保护层，并根据对焊接件的不同要求进行焊接质量检查。

（2）五步操作法

工焊作为一种操作技术，必须要通过实际训练才能掌握，对于初学者来说进行五步操作法训练是非常必要的。五步操作法如图 5-6-5 所示。

1）准备施焊

准备好工具和被焊材料，电烙铁加热到工作温度，熔铁头保持干净，一手握好电烙铁，一手拿焊锡，电烙铁与焊料分居于被焊工件两侧。

2）加热焊件

烙铁头放在两个焊件的连接处，时间为 1~2 s，使被焊部位均匀受热，不要施加压力或随

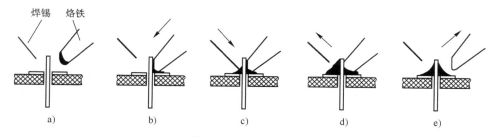

图 5-6-5　五步操作法

a）准备　b）加热　c）加焊锡　d）去焊锡　e）去烙铁

意拖动烙铁，对于在印制板上焊接元器件，要注意使烙铁头同时接触焊盘和元器件的引线。

3）加入焊锡

当工件被焊部位升温到焊接温度时，送上焊锡并与工件焊点部位接触，熔化并润湿焊点。

4）移去焊锡

融入适量焊锡（焊件上已形成一层薄薄的焊料层）后，迅速向外斜上 45°方向移去焊锡。该步是掌握焊锡量的关键。

5）移开电烙铁

移去焊锡后，约 3~4 s，在助焊剂（焊锡内一般含有助焊剂）还未挥发完之前，迅速与轴向成 45°方向移去电烙铁，否则将得到不良焊点。该步是掌握焊接时间的关键。

（3）焊接操作注意事项

1）保持烙铁头清洁。为防止烙铁头氧化，要随时将烙铁头上的杂质除掉，保持清洁。

2）搭焊锡桥。在烙铁头上保持少量的焊锡，作为加热时烙铁头与焊件之间传热的桥梁，可以提高加热的速度，减小对焊盘和工件的损伤。

3）不施压。用烙铁头对焊件施压不能提高加热速度，反而会对焊件造成损伤。

4）保持静止移走。焊接后要保持焊件静止，直到焊料凝固成形，否则易造成焊点疏松，导电性能差。

5）控制好焊锡和烙铁焊锡和烙铁。它们都要向后 45°方向（方向相反）及时移去。焊锡加入过少，会造成焊接不牢；加入过多，则易形成短路。电烙铁加热时间过短，会造成虚焊；加热时间过长，则会造成焊剂失效、焊盘脱落、元器件损坏。

6）不要将焊料加到烙铁头进行焊接。

焊料长时间放在烙铁头上会造成焊料氧化、助焊剂失效，使焊接失败。

（4）良好的焊点要求

1）具有良好的导电性。

2）具有一定的机械强度。焊好后可用镊子轻摇元器件引脚，观察有无松动现象。

3）焊点表面光亮、清洁，形状近似圆锥形。焊点元器件引脚全部浸没，其轮廓又隐约可见。

4）焊点不应有飞边和空隙。

3. 拆焊

拆焊是将已焊好的元器件从焊盘拆除，调试和维修中常需要更换一些元器件，拆焊同样是焊接工艺中的一个重要的工艺手段。

（1）拆焊工具

拆焊中一般要使用的工具有：吸锡绳、吸锡筒、吸锡电烙铁等。

（2）拆焊操作要点

严格控制加热的温度和时间，以保证元器件不受损坏或焊盘不致翘起、断裂。拆焊时不要用力过猛，否则会损坏元器件和焊盘。可用拆焊工具吸去焊点上的焊料。在没有吸锡工具的情况下，可以用电烙铁将焊锡沾下来。

（3）PCB上元器件的拆焊方法

1）分点拆焊法。用电烙铁对焊点加热，逐点拔出，该方法适用于焊点距离较远的焊点。

2）集中拆焊法。用电烙铁同时快速交替加热几个焊接点，待焊锡熔化后一次拔出，该方法适用于焊点距离较近的焊点。

3）捅开焊盘孔。拆焊后如果焊盘孔被堵塞，应用针等尖锐物在加热下，从铜箔面将孔穿通（严禁从印制板面捅穿孔），或将多余的焊锡去掉后，用尖的烙铁修一下焊盘孔，使孔穿通，再插进元器件引线或导线进行重焊。

（4）一般焊接点的拆焊方法

1）保留拆焊法是需要保留元器件引线和导线端头的拆焊方法，适用于钩焊、绕焊。

2）剪断拆焊法是沿着焊接元件引脚根部剪断的拆焊方法，适用于可重焊的元件或连接线。

5.6.3　PCB焊接

1. 焊接前准备

（1）元器件引线表面清理

元器件在焊接前要进行表面清理，如清除污物，去除氧化层。导线要先剥去外皮，并镀锡以备用。部分开关、插座和电池仓极片引脚等也要先镀锡。

（2）PCB和元器件检查

装配前应对PCB和元器件进行检查。

1）PCB检查。图形、孔位及孔径是否与图纸符合，有无断线、缺孔等，表面处理是否合格，有无污染或变质。

2）元器件检查。品种、规格及外封装是否与图纸吻合，元器件引线有无氧化、锈蚀。

（3）元器件引线成型

元器件在装插前须弯曲成型。弯曲成型的要求是根据印制板孔位远近，弯曲元器件引脚成合适的形状。

2. 元器件插装与焊接

1）焊接印制板一般选用内热式（20～35 W）或恒温式电烙铁，烙铁头常用小型圆锥烙铁，烙铁头应修整窄一些，使焊一个端点时不会碰到相邻端点，并随时保持烙铁头的清洁和镀锡。

2）工作台上如果铺有橡胶皮、塑料等易于积累静电的材料，则不宜把MOS集成电路芯片及印制电路板放在台面上。

3）电子元器件摆放方法有卧式摆放和立式摆放。元器件引脚弯曲不要贴近根部，以免弯断，所有的安装过程，在没有特别指明的情况下，元器件必须从电路板正面装入。电路板上的元器件符号图指出了每个元器件的位置和方向，根据元器件符号的指示，按正确的方向将元器件引脚插入电路板的焊盘孔中，在电路板的另一面将元器件引脚焊接在焊盘上。

4）将弯曲成形的元器件插入对应的孔位中进行焊接。加热时，应尽量使烙铁头同时接触印制板上的铜箔和元器件引线。对较大焊盘，焊接时电烙铁可绕焊盘移动，以免长时间停留导致焊盘局部过热而脱落。耐热性差的元器件应使用工具辅助散热。

5）焊好后，剪去多余引线，注意不要对焊点施加剪切力以外的其他力。检查印制板上所有元器件引线焊点，修补缺陷。

6）集成电路若不使用插座，而是直接焊到印制板上，安全焊接顺序为：地端→输出端→电源端输入端。

3. 焊接方法

（1）正确的焊接方法

1）将电烙铁头靠在元器件引脚和焊盘的结合部（所有元器件从焊接面焊接）。

2）烙铁头上带有少量焊料，这样可使烙铁头的热量较快传到焊点上。将焊接点加热到一定温度后，将焊锡触到焊接件处，融化适量的焊料；焊锡应从烙铁头的对称处加入。

3）当焊锡适量融化后，迅速移开焊锡，当焊接点上的焊料流散接近饱满，助焊剂完全挥发，也就是焊接点上的温度最适当、焊锡最光亮、流动性最强的时刻，迅速移开电烙铁。

4）焊锡不冷却，不移动电路板。

（2）不良的焊接方法

1）焊锡过量，容易将不应连接的端点短接，如图 5-6-6a 所示。

2）加热温度不够，焊锡不向被焊金属扩散生成金属合金。

3）焊锡量不够，造成焊点不完整，焊接不牢固，如图 5-6-6b 所示。

4）焊锡桥连，焊锡流到相邻通路，造成线路短路，如图 5-6-6c 所示。这个错误需用烙铁横过桥接部位即可纠正。

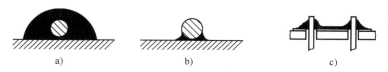

图 5-6-6　不良的焊接方法

a）焊锡过量　b）焊锡量过少　c）焊锡桥连

5.6.4　导线焊接

1. 焊接前处理

（1）剥线

用剥线钳或普通偏口钳剥线时要注意对单股线不应伤及导线，对多股线及屏蔽线不断线，否则将影响接头质量。对多股线剥除绝缘层时注意将线芯拧成螺旋状，一般采用边拽边拧的方式。剥线的长度根据工艺资料要求进行操作。

（2）预焊

预焊是导线焊接的关键步骤。导线的预焊又称为挂锡，但注意导线挂锡时要边上锡边旋转，旋转方向与拧合方向一致，多股导线挂锡要注意"烛心效应"，即焊锡浸入绝缘层内，造成软线变硬，容易导致接头故障。

2. 导线焊接方式

（1）绕焊

绕焊是把经过上锡的导线端头在接线端子上缠一圈，用钳子拉紧缠牢后进行焊接，绝缘层不要接触端子，导线一定要留 1~3 mm 为宜。绕焊时注意导线一定要紧贴端子表面，绝缘层不接触端子。绕焊如图 5-6-7 所示。

（2）钩焊

钩焊是将导线端子弯成钩形，钩在接线端子上并用钳子夹紧后进行焊接的一种方式，如图 5-6-8 所示。钩焊强度低于绕焊，但操作简单。

（3）搭焊

搭焊是把经过镀锡的导线搭到接线端子上施焊。搭焊最简便，但强度和可靠性也最差，仅用于临时连接或不便于绕焊和钩焊的地方以及某些接插件上。搭焊如图 5-6-9 所示。

图 5-6-7　绕焊

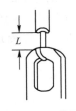
图 5-6-8　钩焊

图 5-6-9　搭焊

3. 导线焊接形式

（1）导线-接线端子的焊接

通常采用压接钳压接，但对某些无法压接连接的场合可采用绕焊、钩焊和搭焊等焊接方式。

（2）导线-导线的焊接

这部分主要以绕焊为主。对于粗细不等的两根导线，应将较细的导线缠绕在粗的导线上；对于粗细差不多的两根导线，应一起绞合。

（3）导线-片状焊件的焊接

片状焊件一般都有焊线孔，往焊片上焊接导线时要先将焊片、导线镀上锡，焊片的孔要堵死，将导线穿过焊孔并弯曲成钩形，然后再用电烙铁焊接，不应搭焊。

（4）导线-杯形焊件的焊接

杯形焊件的接头多见于接线柱和接插件，一般尺寸较大常和多股导线连接，焊前应对导线进行镀锡处理。

（5）导线-槽、柱、板形焊件的焊接

焊件一般没有供绕线的焊孔，可采用绕、钩、搭接等连接方法。每个接点一般仅接一根导线，焊接后都应套上合适尺寸的塑料套管。

（6）导线–金属板的焊接

将导线焊到金属板上，关键是往板上镀锡，要用功率较大的烙铁或增加焊接时间。

（7）导线–PCB 的焊接

在 PCB 上焊接众多导线是常有的事，为了提高导线与板上焊点的机械强度，避免焊盘或印制导线直接受力被拽掉，导线应通过印制板上的穿线孔从 PCB 的元件面穿过，再焊在焊盘上。

5.6.5　焊接质量及缺陷

焊接是电子产品制造中最主要的一个环节，一个虚焊点就能造成整台仪器设备的失效，但要在一台有成千上万个焊点的设备中找出虚焊点来不是容易的事。据统计现在电子设备仪器故障中的近一半是由于焊接不良引起的。

1. 对焊点的质量检查

（1）焊点外观及检查

图 5-6-10 中所示是两种典型焊点的外观，其共同要求是：

1）外形以焊接导线为中心，匀称，成裙形拉开。

2）焊料的连接面呈半弓形凹面，焊料与焊件交界处平滑，接触角尽可能小。

3）表面有光泽且平滑。

4）无裂痕、针孔和夹渣。

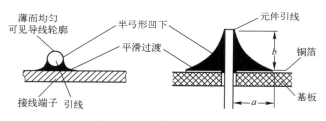

图 5-6-10　典型焊点外观

（2）外观检查

除用目测（或借助放大镜、显微镜观测）检查焊点是否合乎上述标准外，还包括以下几点：

1）漏焊。

2）焊料拉尖。

3）焊料引起导线间短路（即"桥接"）。

4）导线及元器件绝缘的损伤。

5）布线整形。

6）焊料飞溅。

检查时还要用指触、镊子拨动、拉纤等方法检查有无导线断线、焊盘剥离等缺陷。

2. 常见焊点缺陷及质量分析

造成焊接缺陷的原因有很多，在材料与工具一定的情况下，采用什么方式以及操作者是否有责任心，是决定性的因素。表 5-6-1 给出了导线端子焊接常见缺陷。

表 5-6-1　常见的焊点缺陷

焊点缺陷	外观特点	危害	原因分析
过热	焊点发白，表面较粗糙，无金属光泽	焊盘强度降低，容易剥落	烙铁功率过大，加热时间过长
冷焊	表面呈豆腐渣状颗粒，可能有裂纹	强度低，导电性能不好	焊料未凝固前焊件抖动
拉尖	焊点出现尖端	外观不佳，容易造成桥接短路	1. 助焊剂过少而加热时间过长 2. 烙铁撤离角度不当
桥连	相邻导线连接	电气短路	1. 焊锡过多 2. 烙铁撤离角度不当
铜箔翘起	铜箔从印制板上剥离	印制电路板已被损坏	焊接时间太长，温度过高
虚焊	焊锡与元器件引脚和铜箔之间有明显黑色界限，焊锡向界限凹陷	设备时好时坏，工作不稳定	1. 元器件引脚未清洁好、未镀好锡或锡氧化 2. 印制板未清洁好，喷涂的助焊剂质量不好
焊料过多	焊点表面向外凸出	浪费焊料，可能包藏缺陷	焊丝撤离过迟
焊料过少	焊点面积小于焊盘的 80%，焊料未形成平滑的过渡面	机械强度不足	1. 焊锡流动性差或焊锡撤离过早 2. 助焊剂不足 3. 焊接时间太短

3. 焊点通电检查及试验

通电检查必须在外观检查及连线检查无误后才可进行。通电检查可以发现许多微小的缺陷，例如用目测观察不到的电路桥接，但对于内部虚焊类的隐患则不容易察觉。

5.6.6　电子工业生产中的焊接简介

1. 浸焊

浸焊是将装好元器件的印制板在熔化的锡锅内浸锡，一次完成印制电路板上所有焊接点的焊接方法。浸焊有手工浸焊和机器自动浸焊两种形式。

手工浸焊是由操作工人手持夹具将待焊接的已插好元器件的印制板浸入锡槽内来完成的。

手工浸焊的操作过程如下：

（1）准备锡槽

将锡槽的温度控制在250℃左右，加入锡焊，通电熔化；及时去除锡焊层表面的氧化薄膜。

（2）准备PCB

按照工艺要求将元器件插装到印制板上，然后喷涂助焊剂并烘干，放入导轨。

（3）浸锡操作

将印制板沿导轨以15°倾角进入锡锅，浸入深度是PCB厚度的50%～70%，浸焊时间为3～5 s，然后以15°倾角离开锡锅。

（4）验收检查

PCB冷却后，检查焊点质量，个别不良焊点用手工补焊。

（5）修剪引脚

将PCB送至切头机自动铲头，露出焊锡面的长度不超过2 mm。机器自动浸焊是将插好元器件的印制板用专用夹具安置在传送带上，印制板先经过泡沫助焊剂槽喷上助焊剂，加热器将助焊剂烘干，然后经过锡槽进行浸焊，待焊锡冷却凝固后再送到切头机剪去过长的引脚。

浸焊比手工焊接的效率高，设备也较简单，但由于锡槽内的焊锡表面是静止的，表面氧化物易粘在焊接点上，并且印制电路板被焊面全部与焊锡接触，温度高，易烫坏元器件并使印制板变形，无法保证焊接质量。目前在大批量电子产品生产中已为波峰焊所取代，或在高可靠性要求的电子产品生产中作为波峰焊的前道工序。

2. 波峰焊

波峰焊是采用波峰焊机一次完成印制板上全部焊点的焊接。波峰焊机的主要结构是一个温度能自动控制的熔锡缸，缸内装有机械泵和具有特殊结构的喷嘴。机械泵能根据焊接要求，连续不断地从喷嘴压出液态锡波，当印制板由传送机构以一定速度进入时，焊锡以波峰的形式不断地溢出至印制板面进行焊接。

波峰焊是目前应用最广泛的自动化焊接工艺，与自动浸焊相比较，其最大的特点是锡槽内的锡不是静止的，熔化的焊锡在机械泵（或电磁泵）的作用下由喷嘴源源不断流出而形成波峰，波峰焊的名称由此而来。波峰即顶部的锡无丝毫氧化物和污染物，在传动机构移动过程中，印制板分段、局部地与波峰接触焊接，避免了浸焊工艺存在的缺点，使焊接质量可以得到保证，焊接点的合格率可达99%以上，在现代工厂企业中它已取代了大部分的传统焊接工艺。

波峰焊的工艺流程为：准备→装件→焊剂涂敷→预热→焊接→冷却→清洗。

（1）准备工序

准备工序包括元器件引线搪锡、成形及印制电路板的准备等，与手工焊接相比对印制的要求更高，以适应波峰焊要求。

（2）装件工序

装件工序一般采用流水作业的方法插装元器件，即将加工成形的元器件分成若干个工位，插装到印制板上。插装形式可分为手工插装、半自动插装和全自动插装。

（3）焊剂涂敷工序

为了提高被焊表面的润湿性和去除氧化物，需要在印制板焊接面喷涂一层焊剂。喷涂形式一般有发泡式、喷流式和喷雾式等。

（4）预热工序

为使印制板上的助焊剂加热到活化点，必须预热。同时预热还能减少印制板焊接时的热冲击，防止板面变形。预热的形式主要有热辐射和热风式两种。印制板预热温度一般控制在90℃左右，印制板与加热器之间的距离为50~60 mm。

（5）焊接工序

印制板进入波峰区时，印制板与焊料波峰做相对运动，板面受到一定的压力，焊料润湿引线和焊盘，在毛细管效应的作用下形成锥形焊点。

（6）冷却工序

印制电路板焊接后，板面温度仍然很高，此时焊点处于半凝固状态，稍微受到冲击和振动都会影响焊接点的质量。另外，高温时间太长，也会影响元器件的质量。因此，焊接后，必须进行冷却处理，一般采用风扇冷却。

（7）清洗工序

波峰焊接完成之后，对板面残留的焊剂等沾污物，要及时清洗，否则在焊点检查时，不易发现渣孔、虚焊、气泡等缺陷，残留的助焊剂还会造成对插件板的侵蚀。清洗方法有多种，现在使用较普遍的方法有液相清洗法和气相清洗法两类。

3. 再流焊

再流焊，也叫回流焊，主要用于表面安装片状元器件的焊接。这种焊接技术的焊料是焊锡膏。焊锡膏是先将焊料加工成一定粒度的粉末，加上适当液态黏合剂和助焊剂，使之成为有一定流动性的糊状焊膏，用它将元器件粘在印制板上，通过加热使焊膏中的焊料熔化并再次流动，从而将元器件焊接到印制板上。

再流焊加工的表面贴装的PCB，可分为单面贴装和双面贴装两种，具体工作流程如下。

1）单面贴装：预涂锡膏→贴片→再流焊→检查及电测试。

2）双面贴装：A面预涂锡膏→贴片→再流焊→B面预涂锡膏→贴片→回流焊→检查及电测试。

5.7　电子产品装配工艺

电子产品的组装是将各种电子元件、机电元件以及结构件，按照设计要求，安装在规定的位置上，组成具有一定功能的完整的电子产品的过程。

5.7.1　装配要点

要正确装配电子产品，需要掌握以下要点：

1）了解电子产品组装内容、级别、特点及其发展。

2）熟悉电路板组装方式、整机组装过程。

3）熟悉整机连接与整机质检内容。

4）学会元器件的加工与安装方法。

5）掌握电子产品电路板的组装技能。

6）掌握电子产品整机装配技能。

5.7.2 组装内容与级别

1. 组装内容

1）单元电路的划分。

2）元器件的布局。

3）各种元件、部件、结构件的安装。

4）整机联装。

2. 组装级别

在组装过程中，根据组装单位的大小、尺寸、复杂程度和特点的不同，将电子设备的组装分成不同的等级，见表5-7-1。

表5-7-1　电子产品的组装级别

组 装 级 别	特　　点
第1级（元件级）	组装级别最低，结构不可分割，主要为通用电路元器件、分立元器件、集成电路等
第2级（插件级）	用于组装和互连第1级元器件。例如装有元器件的电路板及插件
第3级（插箱板级）	用于安装和互连的第2级组装用插件或印制电路板部件
第4级（箱柜级）	通过电缆及连接器互连的第2、3级组装，构成独立的有一定功能的设备

注意：1）在不同的等级上进行组装时，构件的含义会改变。例如：组装印制电路板时，电阻器、电容器、晶体管元器件是组装构件，而组装设备底板时，印制电路板为组装构件。

2）对于某个具体的电子设备，不一定各组装级都具备，而是要根据具体情况来考虑应用到哪一级。

5.7.3 组装特点与方法

1. 组装特点

电子产品属于技术密集型产品，组装电子产品有如下主要特点：

1）组装工作是由多种基本技术构成的。如元器件的筛选与引线成形技术、线材加工处理技术、焊接技术、安装技术、质量检验技术等。

2）装配质量在很多情况下是难以定量分析的。如对于刻度盘、旋钮等的装配质量多以手感来鉴定、目测来判断。因此，掌握正确的安装操作方法是十分必要的。

3）装配者须进行训练和挑选。否则，由于知识缺乏和技术水平不高，就可能生产出次品，而一旦混进次品，就不可能百分百地被检查出来。

2. 组装方法

电子产品的组装不但要按一定的方案去进行，而且在组装过程中也有不同的方法可供采用，具体方法如下：

1）功能法是将电子产品的一部分放在一个完整的结构部件内，去完成某种功能的方法。此方法广泛用在采用电真空器件的设备上，也适用于以分立元件为主的产品或终端功能部件上。

2）组件法就是制造出一些在外形尺寸和安装尺寸上都统一的部件的方法。这种方法广泛用于统一电气安装工作中，且可大大提高安装密度。

3）功能组件法就是兼顾功能法和组件法的特点，制造出既保证功能完整性又有规范化的结构尺寸组件的方法。

5.7.4 元器件加工

元器件装配到印制电路板之前，一般都要进行加工处理，然后进行插装。良好的成形及插装工艺，不但能使机器具有性能稳定、防振、减少损坏的好处，而且还能得到机内整齐美观的效果。

1. 预加工处理

元器件引线在成形前必须进行加工处理。其主要原因是长时间放置的元器件，在引线表面会产生氧化膜，若不加以处理，会使引线的可焊性严重下降。引线的处理主要包括引线的校直、表面清洁及搪锡三个步骤。要求引线处理后，无伤痕、镀锡层均匀、表面光滑、无飞边和焊剂残留物。

2. 引线成形的基本要求

引线成形工艺就是根据焊点之间的距离，做成需要的形状，目的是使它能迅速而准确地插入孔内，元器件引线成形示意图如图 5-7-1 所示。

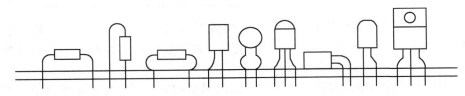

图 5-7-1 元器件引线成形示意图

引线成形的具体要求如下：

1）元器件引线开始弯曲处，离元器件端面的最小距离应不小于 2 mm。

2）弯曲半径不应小于引线直径的 2 倍。

3）怕热元器件要求引线增长，成形时应绕环。

4）元器件标称值应处在便于查看的位置。

5）成形后不允许有机械损伤。

5.7.5 元器件安装

电子元器件种类繁多，外形不同，引出线也多种多样，所以印制电路板的安装方法也就有差异，必须根据产品的结构特点、装配密度、产品的使用方法和要求来决定。

1. 元器件安装的技术要求

1）元器件的标示方向应按照图纸规定的要求，安装后应能看清元器件上的标示。若装配图上没有指明方向，则应使标示向外易于辨认，并按从左到右、从上到下的顺序读出。

2）元器件的极性不得装错，安装前应套上相应的套管。

3）安装高度应符合规定要求，同一规格的元器件应尽量安装在同一高度。

4）安装顺序一般为先低后高，先轻后重，先易后难，先一般元器件后特殊元器件。

5）元器件装配的方向。电子元器件的标示和色码部位应朝上，以便于辨认；水平装配元器件的数值读法应保证从左至右，竖直装配元器件的数值读法则应保证从下至上。

6）元器件的间距。在印制板上的元器件之间的距离不能小于 1 mm；引线间距要大于 2 mm，必要时，要给引线套上绝缘套管。对水平装配的元器件，应使元器件贴在印制板上，元器件离印制板的距离要保持在 0.5 mm 左右；对竖直装配的元器件，元器件离印制板的距离要保持在 3~5 mm。元器件的装配位置要求上下、水平、垂直对齐和对称，要做到美观整齐，同一类元器件高低应一致。

7）元器件的引线直径与印制电路板焊盘孔径应有 0.2~0.4 mm 的合理间隙。元器件插好后，引脚的弯折方向应与铜箔走线方向相同，如图 5-7-2 所示。

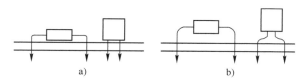

图 5-7-2　引脚安装形式

8）MOS 集成电路的安装应在等电位工作台上进行，以免产生静电损坏器件，发热元器件不允许贴板安装，较大的元器件的安装应采取绑扎、粘固等措施。

2. 元器件的安装方法

安装方法有手工安装和机械安装两种，前者简单易行，但效率低、误装率高，而后者安装速度快、误装率低，但设备成本高，引线成形要求严格，一般有以下几种安装形式：

（1）贴板安装

贴板安装指元器件贴紧印制板面且安装间隙小于 1 mm 的安装方法。当元器件为金属外壳，安装面又有印制导线时，应加垫绝缘衬垫或套绝缘套管，适用于防振要求高的产品。贴板安装形式，如图 5-7-3 所示。

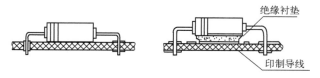

图 5-7-3　贴板安装形式

（2）悬空安装

悬空安装指元器件距印制板面有一定高度且安装距离一般在 3~8 mm 范围内的安装方法，适用于发热元器件的安装。悬空安装形式如图 5-7-4 所示。

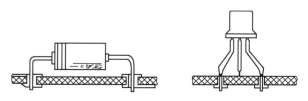

图 5-7-4　悬空安装形式

（3）垂直安装

垂直安装指元器件垂直于印制板面的安装方法，适用于安装密度较高的场合，但对于量大且引线细的元件不宜采用这种形式。垂直安装形式如图 5-7-5 所示。

（4）埋头安装

这种方式可提高元器件防振能力，降低安装高度。元器件的壳体埋于印制板的嵌入孔内，因此又称为嵌入式安装。埋头安装形式如图 5-7-6 所示。

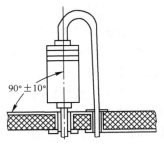

图 5-7-5　垂直安装形式

（5）支架固定安装

对于重量较大的元件，如小型继电器、变压器、阻流圈等，一般用金属支架在印制板上将元件固定。支架固定安装形式如图 5-7-7 所示。

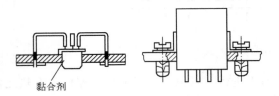

图 5-7-6　埋头安装形式

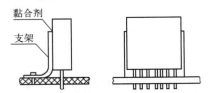

图 5-7-7　支架固定安装形式

（6）有高度限制的安装

元器件安装高度的限制一般在图纸上是标明的，通常处理即可。对于大型元器件则要特殊处理，以保证有足够的机械强度，经得起振动和冲击。

3. 典型零部件安装

（1）面板零件安装

面板上调节控制所用的电位器、波段开关、安插件等通常都是螺纹安装结构。安装时要选用合适的垫圈，还要注意保护面板，防止紧固螺钉时划伤面板。

（2）功率器件组装

功率器件工作时会发热，要依靠散热器将热量散发出去，安装质量对传热效率影响较大。安装时：功率器件和散热器接触面要清洁平整，保证接触良好；接触部分要加硅脂；两个以上螺钉安装时要按对角线轮流紧固，防止贴合不良。大功率晶体管由于发热量大，一般不宜安装在印制板上。

（3）集成电路插装

集成电路可以直接焊装到 PCB 上，有时为了调修方便，也可以采用插装方式。插装时尽可能使用镊子等工具夹持，并通过触摸大件金属体的方式释放静电。要注意集成电路的方位，会读引脚顺序，正确放置集成电路。对准方位，仔细让每一引脚都与插座一一对应，再均匀施力将集成电路插入。拔取时应借助镊子等工具或双手两侧同时施力，拔出集成电路。

（4）二极管安装

安装二极管时，除注意极性外，还要注意外壳封装，特别是玻璃壳体易碎，引线弯曲时易裂，在安装时可将引线先绕 1~2 圈再装。对于大电流二极管，有的将引线体当作散热器，故必须根据二极管规格中的要求决定引线的长度，也不宜把引线套上绝缘套管。

注意：为区别晶体管的电极和电解电容的正负端，一般在安装时加上带有颜色的套管以示区别。

5.8　电子电路的调试方法

在电子电路设计时，不可能周密地考虑各种复杂的客观情况，必须通过电子系统安装后的测试，来发现和调整设计方案中的不足，然后采取措施加以改进，使设计达到预定的技术指标。电子电路的调试是电子电路设计的重要环节之一，要求理论和实际紧密结合，既要掌握理论知识，又要熟悉实验方法，才能做好电路的调试工作。

5.8.1　调试前的直观检查

电路组装完毕，在通电前先要仔细检查电路，对连线、元器件及电源进行认真检查。

1. 连线检查

检查电路连线是否正确，包括是否有错线、少线和多线。

（1）对照电路图检查安装的线路

根据电路图连线，按一定顺序逐一检查安装好的线路，较易发现错线或少线。

（2）按照实际线路来对照原理图进行查线

以元器件为中心进行查线，把每个元器件引脚的连线一次查清，检查每个引脚的去向在电路图上是否存在，不但可以查出错线和少线，还可以容易查出有无多线的情况。

2. 元器件检查

检查元器件引脚之间有无短路、连接处有无接触不良，二极管方向、晶体管引脚、集成电路、电解电容等是否连接有误。

3. 电源检查

检查直流电源极性是否正确，信号源连线是否正确，电源端对地是否存在短路。

电路经过上述检查并确认无误后，可以转入调试阶段。

5.8.2　模拟电路的一般调试方法

模拟电路都是由各种功能的单元电路组成，一般有两种调试方法。一种方法是安装好一级电路即调试一级电路，采用逐级调试的方法；另一种方法是组装好全部电路，统一调试。

1. 调试步骤

（1）通电观察

把经过准确调试的电源接入电路，观察有无异常现象，如冒烟、异常气味、元器件发热及电源是否有短路等。如果出现异常，应立即切断电源，待排除故障后才能再通电。

（2）静态调试

静态调试是指在没有外加信号的条件下，所进行的直流测量和调试。通过测量各级晶体管的静态工作点，可以了解各晶体管的工作状态，及时发现已经损坏的元器件，并及时调整电路参数，使电路工作状态符合设计要求。

（3）动态调试

动态调试是在静态调试的基础上进行的。在电路的输入端接入适当频率和幅值的信号，各级的输出端应有相应的输出信号。按照信号的流向逐级检查输出波形、参数和性能指标，如线性放大电路不应有非线性失真，波形产生和变换电路的输出波形应符合设计要求等。调试时，可由前级开始逐级向后检测，便于找出故障点，及时调整改进。

（4）指标测试

电路正常工作后，即可进行技术指标测试。根据设计要求，逐级测试技术指标实现情况，凡未能达到性能指标要求的，须分析原因并改进电路，以实现设计要求。

2. 注意事项

调试结果是否正确，很大程度上受测量是否正确和测量精度的影响。为了保证调试的效果，必须减小测量误差，提高测量精度。因此，调试过程中应注意以下的问题：

1）正确使用电源的接地端。凡是使用地端接机壳的电子仪器测量，仪器的接地端应和放大器的接地端接在一起，否则仪器机壳引入的干扰不仅会使放大器的工作状态发生变化，而且会使测量结果出现误差。

2）尽可能使用屏蔽线。在信号比较弱的输入端，尽可能使用屏蔽线。屏蔽线的外屏蔽层要接到公共地线上。

3）仪器的输入阻抗必须远大于被测处的等效阻抗。测量电压所用仪器的输入阻抗必须远大于被测处的等效阻抗。若测量电压所用仪器的输入阻抗小，则在测量时会引起分流，测量结果误差很大。

4）测量仪器的带宽必须大于被测电路的带宽。测量仪器的带宽必须大于被测电路的带宽，否则，测试结果不能反映放大器的真实情况。

5）要正确选择测量点。用同一台测量仪器进行测量时，测量点不同，仪器内阻引进的误差大小将不同，要正确地选择测量点，以减小误差。

6）认真查找故障原因。调试时出现故障，要认真查找故障原因。切不可遇到故障就拆掉线路重新安装，因为故障的原因没有解决，重新安装的电路仍可能存在各种问题。若是电路原理出现问题，即使重新安装也无法解决问题。应当把查找故障并分析故障原因看作是一次极好的学习机会，通过它来不断提高自己分析问题和解决问题的能力，真正达到电子电路设计的目的。

5.8.3 数字电路的一般调试方法

数字电路多采用集成器件，并在数字逻辑实验箱多孔实验板上搭接电路并进行调试。调试方法按单元电路分别测试，但要把重点放在总体电路的关键部位。

1. 调试步骤

1）调试振荡电路，以便为系统提供标准的时钟信号。

2）调整控制电路，保证分频器、节拍发生器等控制信号产生电路能正常工作。

3）调试信号处理电路，如寄存器、计数器、累加器、编码器和译码器等，保证它们符合设计要求。

4）调整输出电路、驱动电路及各种执行机构，保证输出信号能推动执行机构正常工作。

2. 注意事项

数字电路因集成电路引脚密集，连线众多，各单元电路之间具有严格的时序关系，所以出现故障不易查找原因。因此，调试过程中应注意以下问题：

1）检查易产生故障的环节。出现故障时，可以从简单部分逐级查找，逐步缩小故障点的范围，也可以通过对某些预知点的特性进行静态和动态测试，判断故障部位。

2）注意各部分电路的时序关系。对各单元电路的输入和输出波形时序关系要十分熟悉，同时也要掌握各单元电路之间的时序关系，应对照设计的时序图，检查各点波形。尤其是检查哪些是上升沿触发，哪些是下降沿触发，以及它们和时钟信号的关系。

3）检查能否自启动。注意时序逻辑电路的初始状态，检查电路能否自启动，应保证电路开机后顺利进入正常工作状态。

4）注意元器件的类型。若电路中既有 TTL 电路，又有 MOS 电路，还有分立元件，要注意电源、电平转换及带负载能力等方面的问题。

第6章 电工电子基础实训项目

本章的训练选题适合高等院校电类和非电类专业学生实习和训练。训练主题突出注重层次性、基础性、趣味性和实用性，其中包括了调光台灯的设计与制作、室内照明装置的安装、金属探测器的安装与调试、声控流水灯的设计、安装与调试以及轮式避障机器人的设计等电工电子小项目制作，突出了基础实践课程教与学的特点。

6.1 调光台灯的设计与制作

6.1.1 实训的目的与要求

1. 目的

1）通过对调光台灯的安装、焊接和调试，使学生了解电子产品的装配过程，提高焊接工艺水平，初步掌握手工焊接双立直插式元器件的基本方法和技能。

2）掌握常用元器件的识别方法。

3）了解调光台灯的工作原理，初步掌握调试过程。

4）增强学生的动手能力，培养工程实践素养及严谨细致的科学作风。

2. 要求

1）看懂电路图，并能够根据电路图在万能板上进行合理的元器件布局。

2）认识电路图上的各种元器件的符号，并与实物相对照。

3）会测试各种元器件的主要参数。

4）认真细心地按照工艺要求进行产品的安装和焊接。

5）按照技术指标对产品进行测试。

6.1.2 产品性能指标

调光台灯的性能指标要求是调节旋钮，能实现灯光亮暗度调节。

6.1.3 实验原理

图 6-1-1 和图 6-1-2 是两种经典的调光台灯电路。图 6-1-1 所示的电路性能更好一些，可以控制更大功率的电器。

图 6-1-1 电路中，220 V 交流电源直接通过灯泡、电阻 R 对电容 C_1 充电，当 C_1 两端电压达到双向触发管的导通电压时，双向触发管导通，灯泡点亮。调节 RP 能改变 C_2 的充/放电时间常数，因而改变触发脉冲的长短，改变了双向触发管的导通角（导通程度），达到调节灯泡亮度的目的。

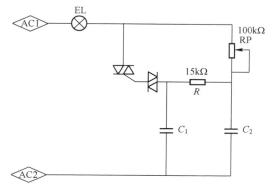

图 6-1-1　晶闸管调压电路

图 6-1-2 电路中，由灯泡、整流管 $VD_1 \sim VD_4$、双向晶闸管 VT 与电源构成主电路；由电位器 RP、电容 C_1 和 C_2、电阻 R 构成触发电路。接通 220 V 交流电源后，经过 $VD_1 \sim VD_4$ 全桥整流得到脉动直流电压加至 RP，给电容 C_1 充电，当 C_1 两端电压上升到一定程度时，就会触发 VT 导通，灯泡点亮。同样的，调节 RP 能改变 C_1 的充/放电时间常数，因而改变触发脉冲的长短，改变了 VT 的导通角（导通程度），达到调节灯泡亮度的目的。

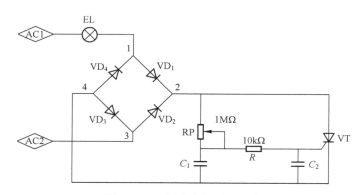

图 6-1-2　调光台灯原理电路

调光台灯的电路非常简单，仅仅是一个晶闸管调压电路而已。通常较实用的电路如图 6-1-2 所示，其工作原理是：当交流电的正半周或负半周到来时，经过全桥整流，加到晶闸管上的电源是单向的。该电压通过电位器给电容充电，当电容 C_1 上的电压达到一定数值后，就会触发晶闸管导通。调节电位器的旋钮，可以改变充电的时间，从而控制晶闸管的导通角。其中单向晶闸管使用 MCR100-6，二极管使用 1N4007。灯泡应选择 60W 以下的白炽灯。

6.1.4　实验器材

调光台灯套件 1 套、电烙铁、焊锡丝、镊子、斜口钳、万用表。

6.1.5　实验内容与步骤

1. 安装准备

1）参照元器件清单，见表 6-1-1，并与实物相对照。

表 6-1-1　元器件清单

元器件名称及部分元器件规格	数　量
双向触发管	2
电阻 15 kΩ	1
电阻 10 kΩ	1
电容 0.1 μF	4
灯泡	2
二极管	4
可调电阻 1 MΩ	1
可调电阻 100 kΩ	1

2）清点元器件的种类和数目。清点测试完将元件有序放置，方便随用随取。

3）焊接工具准备。检查焊接工具是否齐全。

2. 安装与焊接

元件安装按照从低到高的顺序，依次装配焊接。

3. 调试

调试由读者自行完成。

6.2　室内照明装置的安装

　　室内配线是给建筑物的用电器具、动力设备安装供电线路，有两相照明线路和三相四线制的动力线路。室内配线又分明装和暗装，明装还可分为明线明装（如瓷柱、瓷夹板配线）、暗线明装（如线管、线槽在墙壁上安装）。暗装可分为明线暗装（如顶棚天花板内配线）、暗线暗装（如线管埋入墙壁、地下）。室内配线及灯具安装比较简单，是初、中级电工必须具有的基本能力。

　　灯具形形色色，安装千变万化，但万变不离其宗，无非两根线即相线和中性线。

6.2.1　实训的目的与要求

1. 目的

1）了解室内配线的要求及形式。

2）了解室内配线工艺和灯具安装方法；掌握导线连接的工艺方法；了解配电箱的安装工艺。

3）了解照明灯具地种类及安装工艺及方法。

4）增强学生的动手能力，培养工程实践素养及严谨细致的科学作风。

2. 要求

1）看懂电路图，并能够根据电路图完成室内配线。

2）认识电路图上的各种元件的符号，并与实物相对照。

3）学会导线的剥切、连接、挂锡、包扎等基本方法。

4）认真按照工艺要求进行灯具及插座的安装和焊接。

5）按照技术指标对产品进行测试。

6.2.2 实验原理

1. 室内布线的步骤

1）按施工图确定配电箱、用电器、插座和开关等的位置。

2）根据线路电流的大小选购导线、穿线管、支架和紧固件等。

3）确定导线敷设的路径，穿过墙壁或楼板等的位置。

4）配合土建打好布线固定点的孔眼，预埋线管、接线盒和木砖等预埋件。暗线要预埋开关盒、接线盒和插座盒等。

5）装好绝缘支架物、线夹或管子。

6）敷设导线。

7）做好导线的连接、分支、封端和设备的连接。

8）通电试验，全面检查、验收。

2. 瓷绝缘子配线

瓷绝缘子配线常用的瓷绝缘子有柱式（鼓式）、针式、蝶式三种。目前这种配线在室内用得不多，只有某些动力车间、变电站或室外有用。其安装步骤简单地说是定位固定瓷绝缘子，放线、绑扎导线和安装电气设备。

3. 线槽配线

线槽配线也是一种临时配线，或工程改造配线。如一户一表工程改造，将导线装在线槽内，敷设在走廊或墙壁上的固定拼装。

4. 导线的连接

在电气安装与线路维护工作中，因导线长度不够或线路有分支，需要把一根导线与另一根导线连接起来，再把最终出线与用电设备的端子连接，这些连接点通常称为接头。

绝缘导线的连接方法很多，有铰接、焊接、压接和螺栓连接等，各种连接方法适用于不同导线及不同的工作地点。绝缘导线的连接无论采用哪种方法，都不外乎以下四个步骤。

1）绝缘层剥切。

2）导线线芯连接。

3）接头焊接或压接。

4）绝缘的包扎。

5. 灯具的安装形式

灯具的安装形式有壁式、吸顶式、悬吊式。悬吊式又有吊线式、吊链式、吊杆式。安装形式如图 6-2-1 所示。

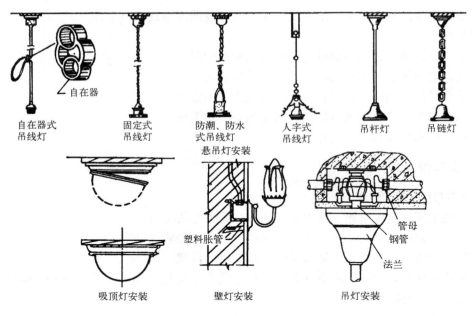

图 6-2-1　灯具安装形式

6.2.3　实验器材

导线、灯泡、焊锡、电烙铁等。

6.2.4　实验内容与步骤

1）室内配线方式及技术要求。

2）导线的剥切、连接、挂锡、包扎。

3）灯具安装。

6.3　双控开关的安装与调试

6.3.1　目的与要求

1. 目的

1）通过对双控开关的安装、调试，使学生了解双控开关的装配过程，提高电工识图的能力，初步掌握电工电路安装的基本方法和技能。

2）掌握常用电工电路图的识别方法。

3）了解双控开关的工作原理，初步掌握调试过程。

4）增强学生的动手能力，培养工程实践素养及严谨细致的科学作风。

2. 要求

1）看懂电路图，并能够根据电工电路图进行合理的元器件布局。

2）认识电工图上的各种元器件的符号，并与实物相对照。

3）认真按照工艺要求进行产品的安装。

4）按照技术指标对产品进行测试。

6.3.2　性能指标

图 6-3-1 为双控开关电路。双控开关是一个开关同时带常开、常闭两个触点（即为一对）。通常用两个双控开关控制一个灯或者其他电器，比如，在楼下时打开开关，到楼上后关闭开关。如果是采取传统的开关电路，想要把灯关上，就要跑下楼去关，这是极其麻烦的，如果采用双控开关就可以避免这个麻烦。双控开关还用于控制应急照明回路需要强制打开的灯具，双控开关中的两端接双电源，一端接灯具，即一个开关控制一个灯具。

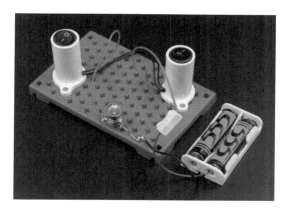

图 6-3-1　双控开关电路实物图

6.3.3　实验原理

双控开关的原理主要是采用了双掷开关，一支路断开电源的同时接通另一支路，由另一个开关来控制。这两条支路是不会同时开启的，也不会同时断开，在家庭中使用双控开关，应用于客厅、卧室的照明，会方便人们的生活。

6.3.4　实验器材

多孔安装板 1 块、三脚开关 2 个、导线若干、底座 2 个、灯泡套装 1 套、电池盒 1 个。

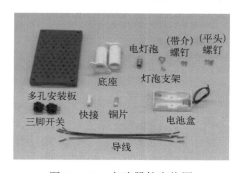

图 6-3-2　实验器件实物图

6.3.5 实验内容与步骤

1. 安装准备

1）清点元器件的种类和数目。清点测试完将元器件有序放置，方便随用随取。

2）安装工具准备。检查工具是否齐全。

2. 安装

1）将红黑导线安装在底座上，如图 6-3-3 所示。

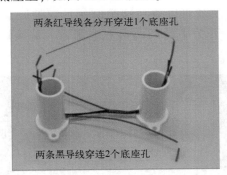

图 6-3-3　双控开关安装步骤（一）

2）红导线接三脚开关中间级，黑导线接三脚开关左右两侧脚极。

3）将开关安装在底座上，然后在多孔安装板上找位置用平头螺钉拧紧。

4）将铜片压住导线头（铜线部分），再用螺钉拧紧在多功能安装板上，如图 6-3-4 所示。

图 6-3-4　双控开关安装步骤（二）

5）用快接将电池盒红导线与剩下最后的导线相连。

6）图 6-3-5 所示，将灯泡扭进灯泡支架里。

7）用螺钉将灯泡扭紧在多孔安装板上，最后电池盒黑导线（铜线部分）连接上灯泡支架的另一边即可。

图 6-3-5　双控开关安装步骤（三）

3. 调试

由读者自行完成。

6.4 模拟电子蜡烛的安装与调试

6.4.1 目的与要求

1. 目的

1）通过对模拟电子蜡烛的安装、焊接和调试，使学生了解电子产品的装配过程，提高焊接工艺水平，初步掌握手工焊接双立直插式元器件的基本方法和技能。

2）掌握常用元器件的识别方法。

3）了解模拟电子蜡烛的工作原理，初步掌握调试过程。

4）增强学生的动手能力，培养工程实践素养及严谨细致的科学作风。

2. 要求

1）看懂电路图，并能够根据电路图在万能板进行合理的元器件布局。

2）认识电路图上的各种元器件的符号，并与实物相对照。

3）会测试各种元器件的主要参数。

4）认真按照工艺要求进行产品的安装和焊接。

5）按照技术指标对产品进行测试。

6.4.2 性能指标

图 6-4-1 为模拟电子蜡烛电路。模拟电子蜡烛具有"火柴点火，风吹火熄"的仿真性，设计原型来源于现实生活情节中蜡烛的使用，电路改造后可以用于生日晚会。

图 6-4-1 模拟电子蜡烛电路实物图

6.4.3 实验原理

如图 6-4-2 所示，CD4013 是一双 D 触发器，由两个相同的，相互独立的数据型触发器构成。每个触发器有独立的数据、置位、复位、时钟输入和输出，此器件可用作移位寄存器，且通过将 Q 输出连接到数据输入，可用作计算器和触发器。在时钟上升沿触发时，加在 D 输入端的逻辑电平传送到 Q 输出端。置位和复位与时钟无关，而分别由置位或复位线上的高电平完成。本电路利用双 D 触发 4013 中的一个 D 触发器，接成 R-S 触发器形式。接通电源后，R_7、

C_3 组成的微分电路产生一个高电平微分脉冲加到 IC_1 的 D1 端，强制电路复位，Q1 端输出低电平，送到晶体管 VT_4 的基极，也为低电平，VT_4 截止，发光二极管 VD_1 不发光。

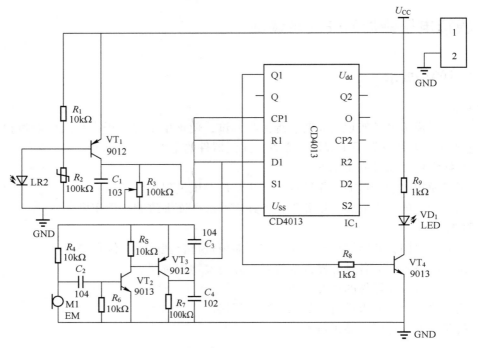

图 6-4-2　电路原理图

6.4.4　实验器材

模拟电子蜡烛套件 1 套、电烙铁、焊锡丝、镊子、斜口钳、万用表。

6.4.5　实验内容与步骤

1. 安装准备

1）参照元器件清单，见表 6-4-1，并与实物相对照。

表 6-4-1　元器件清单

元器件名称及规格	元 件 位 置	数　量
电阻 10 kΩ	R_1，R_4，R_6，R_S	3
电阻 1 kΩ	R_8，R_9	2
电阻 100 kΩ	R_7	1
集成电路 CD4013	IC_1	1
瓷片电容 0.01 μF	C_1	1
瓷片电容 0.1 μF	C_2，C_3	2
翅片电容 0.001 μF	C_4	1
可调电阻 100 kΩ	R_3	1

元器件名称及规格	元件位置	数量
PNP 型晶体管 9012	VT_1，VT_3	2
PNP 型晶体管 9013	VT_2，VT_4	2
驻极体传声器 7×9	M_1	1
发光二极管 ϕ5 mm 白发红	VD_1	1
红外线接收管 ϕ5 mm	R_2	1

2）清点元器件的种类和数目。清点完将元器件有序放置，方便随用随取。

3）焊接工具准备。检查焊接工具是否齐全。

2. 安装与焊接

由读者自行完成。

3. 调试

由读者自行完成。

6.5　电子沙漏的安装与调试

6.5.1　目的与要求

1. 目的

1）通过对电子沙漏的安装、焊接和调试，使学生了解电子产品的装配过程，提高焊接工艺水平，初步掌握手工焊接双立直插式元器件的基本方法和技能。

2）掌握常用元器件的识别方法。

3）了解电子沙漏的工作原理，初步掌握调试过程。

4）增强学生的动手能力，培养工程实践素养及严谨细致的科学作风。

2. 要求

1）看懂电路图，并能够根据电路图在万能板进行合理的元器件布局。

2）认识电路图上的各种元器件的符号，并与实物相对照。

3）会测试各种元器件的主要参数。

4）认真按照工艺要求进行产品的安装和焊接。

5）按照技术指标对产品进行测试。

6.5.2　性能指标

电子沙漏电路由 57 支 3 mm 白发蓝 LED 组成的沙漏图案，在单片机的控制下，呈现出模拟沙漏的效果。本书套件中分配的是 3 mm 的 DC 座，ISP 为程序下载接口，单片机采用的是 SC15W201S，只要一个 USB 转 TTL 模块，配合上位机软件就能立刻给单片机下载程序，轻触开关可以控制沙漏的速度，点动或者按住开关不放，沙漏速度会从慢到快循环变化。

6.5.3　实验原理

这里提供一种参考电路，主核心为 51 单片机。

单片机控制 LED 灯形成沙漏。图 6-5-1 为该参考电路的电路原理图。

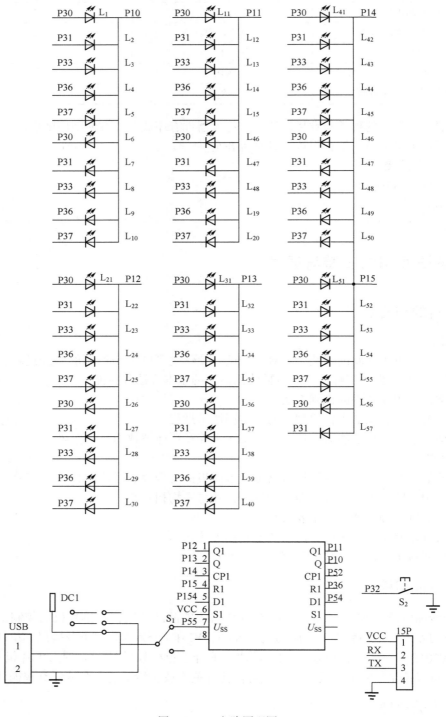

图 6-5-1　电路原理图

6.5.4 实验器材

金属探测器套件 1 套、电烙铁、焊锡丝、镊子、斜口钳、万用表。

6.5.5 实验内容与步骤

1. 安装准备

1）参照元器件清单，见表 6-5-1，并与实物相对照。

表 6-5-1　元器件清单

元器件名称	数　量	位　　置	元器件名称	数　量	位　　置
发光二极管	5	L$_1$–L$_5$	ϕ5 mm 蓝色 LED	2	D1 D2
单片机	1	U1	公–母杜邦线	2	
轻触开关	2	S$_1$ S$_2$	PCB	1	

2）清点元器件的种类和数目。清点测试完成将元件有序放置，方便随用随取。

3）焊接工具准备。检查焊接工具是否齐全。

2. 安装与焊接

由读者自行完成。

3. 调试

由读者自行完成。

6.6　小型特斯拉线圈的安装与调试

6.6.1　目的与要求

1. 目的

1）通过对小型特斯拉线圈的安装、焊接和调试，使学生了解电子产品的装配过程，提高焊接工艺水平，初步掌握手工焊接双立直插式元器件的基本方法和技能。

2）掌握常用元器件的识别方法。

3）了解小型特斯拉线圈的工作原理，初步掌握调试过程。

4）增强学生的动手能力，培养工程实践素养及严谨细致的科学作风。

2. 要求

1）看懂电路图，并能够根据电路图在万能板进行合理的元器件布局。

2）认识电路图上的各种元器件的符号，并与实物相对照。

3）会测试各种元器件的主要参数。

4）认真按照工艺要求进行产品的安装和焊接。

5）按照技术指标对产品进行测试。

6.6.2　性能指标

图 6-6-1 为小型特斯拉线圈。特斯拉线圈是一种使用共振原理运作的变压器，由尼古

拉·特斯拉在 1891 年发明，主要用来生成超高电压但低电流、高频率的交流电力。特斯拉线圈由两组（有时用三组）耦合的共振电路组成。特斯拉线圈难以界定，尼古拉·特斯拉试行了各种线圈的配置，利用这些线圈进行创新实验，如电气照明，荧光光谱，X射线，高频率的交流电流现象，电疗和无线电能传输，发射、接收无线电电信号。本节特斯拉线圈归类于带锁频回路的谐振线圈，通过将二次线圈中的感应电流引入到一次振荡回路中，使得一次回路的振荡频率锁定到二次线圈的谐振频率，从而维持谐振。

图 6-6-1　小型特拉斯线圈

6.6.3　实验原理

LED_2 为电源指示灯，LED_1 为钳位二极管，正常不发光，若晶体管 Q_2 损坏，则 LED_1 会点亮发光。音频信号用以调制振荡频率，在输入音频信号时，音频信号电压改变了一次振荡频率，在二次线圈里发生共鸣，还原出声音。电压输入可以从 9～30 V，电压越高，电弧越长，声音越大，当电压高于 15 V 时，要注意散热。音频信号可以接手机、MP3、计算机等。特斯拉线圈可以隔空点亮氖灯、节能灯、闪频灯等。

6.6.4　实验器材

特拉斯线圈套件 1 套、电烙铁、焊锡丝、镊子、斜口钳、万用表。

6.6.5　实验内容与步骤

1. 安装准备

1）参照元器件清单，见表 6-6-1。

表 6-6-1　元器件清单

元器件名称及规格	数　量	位　　置	元器件名称及规格	数　量	位　　置
色环电阻 10 kΩ	2	R_1，R_4	独石电容 1 μF	1	C_2
色环电阻 2 kΩ	2	R_3，R_5	电解电容 1 μF	1	C_1
晶体管 TIP41	1	Q_2	场效应晶体管	1	Q_1
发光二极管 φ3 mm	2	LED_1，LED_2	一次线圈	1	L_1
二次线圈 350T	1	L_2	DC 座	1	J_1
音频插座 3F07	1	J_2	螺钉	6	
铜柱 M3×10	4		散热片	2	

2）清点元器件的种类和数目。清点测试完成将元件有序放置，方便随用随取。

3）焊接工具准备。检查焊接工具是否齐全。

2. 安装与焊接

由读者自行完成。

3. 调试

由读者自行完成。

6.7 轮式避障机器人的设计

6.7.1 目的与要求

1. 目的

1）通过对轮式避障机器人的设计，使学生进一步掌握电子产品的设计过程，掌握电子产品设计及制作的基本方法和技能，同时使学生初步了解单片机等智能控制器件及其使用方法。

2）通过机器人设计，使学生了解机器人的基本机械结构。

3）了解轮式避障机器人的工作原理，进一步掌握调试过程。

4）增强学生的动手能力，培养工程实践素养及严谨细致的科学作风。

2. 要求

1）了解单片机的基本使用方法。

2）认识机器人的组成，基本了解各种元器件的主要参数及使用。

3）认真按照工艺要求进行产品的组装。

4）按照技术指标对产品进行测试。

6.7.2 产品性能指标

要求机器人具有双轮结构或者四轮结构，遇到障碍物能够实现躲避，基本功能是：机器人前方无障碍物时，直行；前方遇障碍物时，左转。

6.7.3 实验原理

设计轮式避障机器人的方法很多，这里以 STM32F103ZET6 微控制器为主控制器为例，进行轮式避障机器人设计，如图 6-7-1 所示。

图 6-7-1　轮式避障小车

1. 总体方案设计

运用 STM32F103ZET6 微控制器实现单片机的轮式避障设计，并采用 C 语言对 STM32F103ZET6 进行编程，使机器人实现以下几个基本智能任务：

1）安装避障传感器以探测障碍物信息。

2）基于避障传感器信息做出决策。

3）控制机器人运动（通过操作带动轮子旋转的伺服电动机）。

（1）设计流程

具体设计流程如图 6-7-2 所示。

（2）硬件框图

具体硬件框图如图 6-7-3 所示。

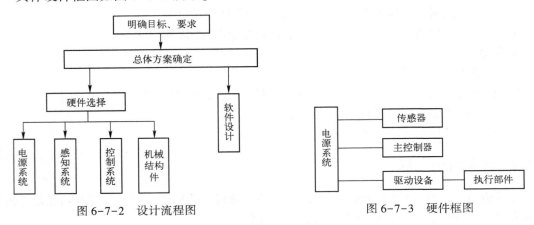

图 6-7-2 设计流程图　　　　　　　　　图 6-7-3 硬件框图

（3）软件设计

轮式避障机器人软件设计使用简单的二值判断，使用 1 个传感器作为障碍判断，当没有传感器检测到障碍物时，判断小车应沿直线向前行走；当传感器检测到障碍物时，判断小车应向左转。软件流程图如图 6-7-4 所示。

2. 硬件选择

（1）小车主体设计

小车主体设计采用四轮结构或者两轮加万向轮结构。

四轮结构为左边两轮一组，右边两轮一组，前面轮子为主轮；两轮加万向轮结构，由两个动力轮和一个万向轮组成，动力轮一般位于车头。

（2）主控制器

选用 STM32F103ZET6 单片机开发板。

（3）驱动模块

可以选用 5 V 的伺服电动机（速度舵机）或者直流电动机，如图 6-7-5 所示。这里选用伺服电动机作为驱动设备。

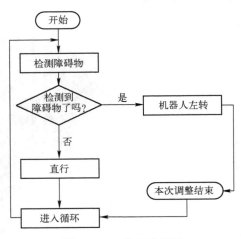

图 6-7-4 软件流程图

（4）传感器模块

传感器模块选用红外避障传感器，如图6-7-6所示。

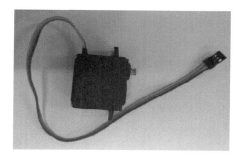

图6-7-5 伺服电动机

图6-7-6 红外避障传感器

（5）电源模块

电源模块选用2S/3S航模电池（见图6-7-7）、小功率直流稳压模块（见图6-7-8）和B3或者B6平衡充电器（见图6-7-9）。电池接到稳压模块，然后由稳压模块给机器人供电，实现稳定电压值供电，方便机器人的调试。

图6-7-7 2S/3S航模电池

图6-7-8 稳压模块

3. 软件程序设计

软件设计选用基于STM32的C语言进行编程，由于软件设计一定要和硬件结构相匹配，比如本书中设计的是两轮加万向轮的小车车体结构，主要此时作为驱动设备的两个舵机是面对面放置的，也就是说要想让小车向前走，两个舵机的转动方向应该是相反的；如果想让小车左转，常见的方法是让左轮静止不动，右轮向前走；如果想让小车右转，常见的方法是让右轮静止不动，左轮向前走。

图6-7-9 B6平衡充电器

根据上面说明，以及上一节的轮式避障小车的软件设计流程图，小车控制主程序如下。

```
while（1）
    {
    if( Sl )          //Sl 为左侧传感器,Sr 为右侧传感器
        {
```

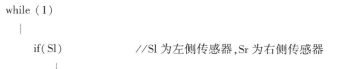

```
        Forward( );    //小车向前
        }
    if( ! Sl)
        {
        for( j = 0;j<10;j++)
            {
            Turnleft( );//小车左转
            Delay_ms(20);
            }
        }
    }
```

    按照上面的讲解，你应该已经可以完成一辆轮式避障小车的设计。如果小车要增加其他功能，只要添加相应功能的外设即可。比如，如果要小车实现巡线功能，只要在小车上安装灰度传感器，并写上相关巡线程序即可。

6.7.4　实验器材

    硬件：计算机、电动机、传感器、单片机、车轮、各种螺钉、铜柱等。

    软件：Keil MDK 软件。

6.7.5　实验内容与步骤

    1）项目总体设计，详细可参考实验原理。

    2）安装及调试。

    ① 参照元器件清单，并与实物相对照。

    ② 对机器人性能进行调试。

参 考 文 献

[1] 吕波，王敏 . Multisim 14 电路设计与仿真［M］. 北京：机械工业出版社，2016.

[2] 孙晖，张冶沁，潘丽萍，等 . 电工电子学实践教程［M］. 北京：电子工业出版社，2018.

[3] 孙梯全，龚晶 . 电子技术基础实验［M］. 2 版 . 南京：东南大学出版社，2016.

[4] 吴晶晶，李俊艳，纪建华 . 电工接线与布线快速学［M］. 北京：化学工业出版社，2017.

[5] 贾爱民，张伯尧 . 电工电子学实验教程［M］. 杭州：浙江大学出版社，2009.

[6] 叶挺秀，张伯尧 . 电工电子学［M］. 4 版 . 北京：高等教育出版社，2014.